典型任务工作单

人民交通出版社股份有限公司

北 京

目 录

【典型任务工作单 2-1】…………………………………………………………… 1
【典型任务工作单 2-2】…………………………………………………………… 4
【典型任务工作单 3-1】…………………………………………………………… 7
【典型任务工作单 3-2】…………………………………………………………… 9
【典型任务工作单 4-1】…………………………………………………………… 13
【典型任务工作单 6-1】…………………………………………………………… 15
【典型任务工作单 7-1】…………………………………………………………… 18
【典型任务工作单 9-1】…………………………………………………………… 19
【典型任务工作单 9-2】…………………………………………………………… 22
【典型任务工作单 10-1】………………………………………………………… 26
【典型任务工作单 11-1】………………………………………………………… 27
【典型任务工作单 12-1】………………………………………………………… 29
【典型任务工作单 12-2】………………………………………………………… 31
【典型任务工作单 13-1】………………………………………………………… 35
【典型任务工作单 14-1】………………………………………………………… 37
【典型任务工作单 15-1】………………………………………………………… 38
【典型任务工作单 16-1】………………………………………………………… 40

【典型任务工作单 2-1】

实训项目　水准仪的认识与操作

班级：_____ 姓名：_____ 学号：_____ 时间：_____

一、实训目标

知识目标：掌握水准仪的操作。

能力目标：能操作水准仪完成单站高差测量及计算。

素质目标：培养规范操作习惯，良好职业行为，信息处理能力，团队协作意识，语言表达能力，动手、创新能力及实际操作能力。

二、实训目的

1. 了解 DS_3 型水准仪的构造，熟悉各部件的名称、功能及作用。

2. 初步掌握其使用方法，学会在水准尺上的读数。

3. 掌握高差测量方法及高程计算。

三、实验器具

每组借领 DS_3 型水准仪 1 套，水准尺 1 对。

四、实训内容

1. 熟悉 DS_3 型水准仪各部件的名称及作用。

2. 学会使用圆水准整平仪器。

3. 学会瞄准目标，消除视差及利用望远镜的中丝在水准尺上的读数。

4. 学会测定地面两点的高差。

5. 实践课时为 4 学时。

五、实训步骤

1. 安置仪器

张开三脚架，始架头大致水平，高度适中，将脚架稳定（踩紧）。然后用连接螺旋桨水准仪固定在三脚架上。

2. 了解水准仪各部件的功能及使用

(1) 调节目镜，始十字丝清晰；旋转物镜调焦螺旋，使物象清晰。

(2) 转动脚架螺旋始圆水准气泡居中；转动微倾螺旋始水准管气泡居中或符合。

(3) 用准星和缺口粗略照准目标旋紧水平制动螺旋，转动水平微动螺旋精确照准目标。

3. 粗略整平练习

仪器的粗略整平是用脚螺旋使圆水准器的气泡居中。不论圆水准器在任何位置，先用任意两个脚螺旋使气泡移到通过圆水准器零点并垂直于这两个脚螺旋连线的方向上，如图所示中气泡自 a 移到 b，如此可使仪器在这两个脚螺旋连线的方向处于水平位置。然后单独用第三个脚螺旋使气泡居中，如此使原两个脚螺旋连线的垂线方向亦处于水平位置，从而使整个仪器置平。如仍有偏差可重复进行。操作时必须记住以下三条要领：

(1) 先旋转两个脚螺旋，然后旋转第三个脚螺旋。

(2) 旋转两个脚螺旋时必须作相对的转动，即旋转方向应相反。

(3) 气泡移动的方向始终和左手大拇指移动的方向一致。

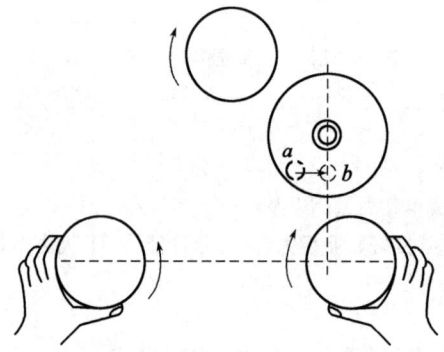

4. 读数练习

粗略整平仪器后,用准星和缺口瞄准水准尺。旋紧水平制动螺旋。分别调节目镜和物镜调焦螺旋,使十字丝和物象都清晰。此时物象已投影到十字丝平面上,视差已完全消除。转动微动螺旋,使十字丝竖丝对准尺面,转动微倾螺旋精平,用十字丝的中丝读出米数、分米数和厘米数,并估读到毫米,记下四位读数。

5. 高差测量练习

(1) 在仪器前后距离大致相等处各立一根水准尺,分别读出中丝所截取的尺面读数,记录并计算两点间的高差。

(2) 不移动水准尺,改变水准仪的高度,再测两点间的高差,两点间的高差之差不应大于 5mm。

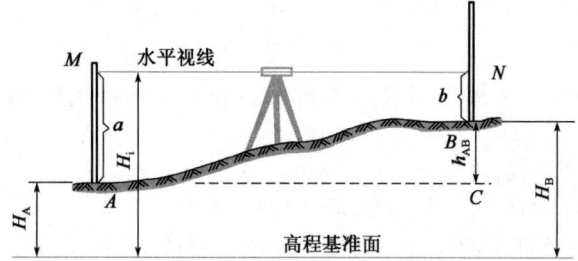

六、注意事项

1. 读取中丝读数前,应消除视差,附合水准气泡必须严格附合。
2. 微动螺旋和微倾螺旋应保持在中间运行,不要旋到极限。
3. 观测者的身体各部位不得接触脚架。
4. 水准尺必须有人看管,不能立在墙边或放在地上,以免损坏水准尺。
5. 及时填写任务书,发现问题要马上向指导教师汇报,不能自行处理。

七、上交材料

1. 每人上交合格的水准仪的认识与操作记录表一份。
2. 每组上交任务书一份。

八、成绩评定

职业素养(包括表达能力、沟通能力、团队合作能力、实际操作能力、知识掌握能力)：

评价等级	表达能力	沟通能力	团队合作能力	实作能力	知识掌握能力
评价结果					

指导老师评语：

学习者签字：　　　　　　　　　　　　　　　　　　　　　日期：　年　月　日
指导教师签字：　　　　　　　　　　　　　　　　　　　　日期：　年　月　日

普通水准测量记录、计算表

点号	后视读数(m)	前视读数(m)	高差(m)		高程
			+	−	

计算检核：$\sum h =$　　　　　　　　　　$\sum a - \sum b =$

【典型任务工作单2-2】

实训项目　普通水准测量

班级:_____ 姓名:_____ 学号:_____ 时间:_____

一、实训目标

知识目标:

1. 掌握水准仪的操作;

2. 掌握水准测量原理;

3. 掌握路线水准测量观测方法。

能力目标:能操作水准仪完成普通水准测量并进行内业计算。

素质目标:培养规范操作习惯,良好职业行为,信息处理能力,团队协作意识,语言表达能力,动手、创新能力及实际操作能力。

二、实训目的

1. 掌握普通水准测量的观测、记录、计算。

2. 熟悉水准路线的布设形式。

三、实训器具

每组借用 DS_3 型水准仪1台,水准尺1对,尺垫1对,记录夹1个,测伞1把。

四、实训内容

1. 做闭合水准路线测量或附合水准线路测量(至少要观测4个测站)。

2. 观测精度满足要求后,根据观测结果进行水准路线高差闭合的调整和高程计算。

3. 实训课时4学时。

五、实训步骤

从指定水准点出发按普通水准测量的要求施测一条闭合(或附合)水准路线,每人轮流观测两站,然后计算高差闭合差和高差闭合差的允许值。若高差闭合差在允许范围之内,则对闭合差进行调整,最后算出各测站改正后高差。若闭合差超限,则应返工重测。

六、技术规定

1. 前、后视距应大致相等,视线长度不超过100m。

2. 限差要求:

$$F_k = \pm 40\sqrt{L}(mm) \quad 或 \quad F_k = \pm 12\sqrt{n}(mm)$$

式中:L——水准路线长度,km;

n——测站数。

七、注意事项

1. 每次读数前水准管气泡严格居中。

2. 注意用中丝读数,不要读成上、下丝的读数,读数前要消除视差。

3. 后视的尺垫在水准仪搬动之前不得移动。仪器迁站时,前视的尺垫不能移动。在已知高程点上和待定高程点上不得放尺垫。

4. 水准尺必须扶直,不得前后左右倾斜。

八、上交材料

1. 每人上交合格的普通水准测量记录一份,水准测量路线成果计算表一份。

2. 每组上交任务书一份。

九、成绩评定

职业素养(包括表达能力、沟通能力、团队合作能力、实际操作能力、知识掌握能力):

评价等级	表达能力	沟通能力	团队合作能力	实作能力	知识掌握能力
评价结果					

指导老师评语：

学习者签字：　　　　　　　　　　　　　　　　　　　　　日期：　年　月　日
指导教师签字：　　　　　　　　　　　　　　　　　　　　日期：　年　月　日

普通水准测量记录

日　期_____　　天气_____　　班级_____　　小　组_____
仪器型号_____　　地点_____　　观测者_____　　记录者_____

测站	测点	后视读数 a	前视读数 b	高差(m)	高程(m)

辅助计算

水准测量路线成果计算表

日期 _____ 班级 _____ 小组 _____ 计算者 _____

点名	测站 n	距离(m)	观测高差(m)	改正数(mm)	改正后高差(m)	高 程(m)
Σ						

$f =$
$f_{容} =$

【典型任务工作单 3-1】

实训项目　　经纬仪的认识与操作

班级：＿＿＿　姓名：＿＿＿　学号：＿＿＿　时间：＿＿＿

一、实训目标

知识目标：掌握经纬仪的操作。

能力目标：能操作经纬仪完成对中、整平。

素质目标：培养规范操作习惯，良好职业行为，信息处理能力，团队协作意识，语言表达能力，动手、创新能力及实际操作能力。

二、实训目的

1. 了解经纬仪的基本构造及各部件的功能。

2. 掌握经纬仪基本操作。

三、实训器具

每组借用经纬仪 1 台，测钎 2 根，记录表格。

四、实训内容

1. 练习仪器的对中、整平、照准、读数（要求对中误差不超过 3mm，整平误差不超过 1 格）。

2. 实训课时为 4 学时。

五、实训步骤

1. 安置经纬仪

将经纬仪从箱中取出，装到三脚架上，拧紧中心连接螺丝。然后熟悉仪器构造和各部分功能，正确使用制动螺旋、微动螺旋、调焦螺旋和脚螺旋。

2. 对中和整平

用光学对中器对中的具体操作方法如下。

（1）对中

①将三脚架安置在测站上，使架头大致水平；

②调整仪器的三个脚螺旋，使光学对中器的中心标志对准测站点（不要求气泡居中）；

③伸缩三脚架腿使照准部圆水准器或管状水准器气泡大致居中（不必严格居中）。

（2）整平

如图所示，使照准部水准管轴平行于两个脚螺旋的连线，转动这两个脚螺旋使水准管气泡居中，将照准部旋转 90°，转动另一脚螺旋使水准管气泡居中，在这两个位置上来回数次，直到水准管气泡在任何方向都居中为止。若整平后发现对中有偏差，可松开中心连接螺旋，移动照准部再进行居中，拧紧后仍需要重新整平仪器，这样反复几次，就可以对中整平。

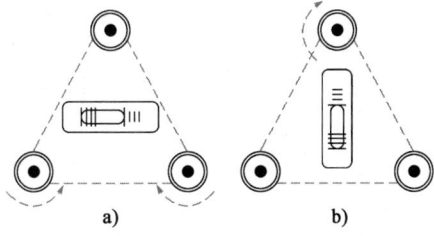

经纬仪整平

六、注意事项

1. 仪器从箱中取出前，应看好它的放置位置，以免装箱时不能回复到原位。

2.仪器在三脚架上未固定好前,手必须握住仪器,不得松手,以防仪器跌落。

3.转动望远镜或照准部之前,必须先松开制动螺旋,用力要轻;一旦发现转动不灵,要及时检查原因,不可强行转动。

4.当一个人操作时,其他组员只能用语言帮助,不能多人操作同一台仪器,以免发生仪器跌落的危险。

5.仪器装箱后,要及时上锁,以防存在事故危险。

七、上交材料

每人上交经纬仪的认识与操作任务书一份。

八、成绩评定

职业素养(包括表达能力、沟通能力、团队合作能力、实际操作能力、知识掌握能力):

评价等级	表达能力	沟通能力	团队合作能力	实作能力	知识掌握能力
评价结果					

指导老师评语:

学习者签字: 日期: 年   月   日

指导教师签字: 日期: 年   月   日

【典型任务工作单 3-2】

项目　测回法观测水平角、竖直角

班级：_____ 姓名：_____ 学号：_____ 时间：_____

一、实训目标

知识目标：掌握经纬仪的操作。

能力目标：能操作经纬仪完成对中、整平。

素质目标：培养规范操作习惯，良好职业行为，信息处理能力，团队协作意识，语言表达能力，动手、创新能力及实际操作能力。

二、实训目的

掌握测回法观测水平角、竖直角的记录及计算。

三、实训器具

每组借用经纬仪 1 台，测钎 2 根，记录表格。

四、实训内容

1. 练习用测回法观测水平角、竖直角。

2. 实训课时为 6 学时。

五、实训步骤

水平角观测方法：

1. 将仪器安置在测站上，对中、整平后，盘左照准左目标，使起始读数略大于 $0°02'$，将起始读数记入手簿；松开制动螺旋，顺时针转动照准部，照准右目标，读数并记入手簿，称为上半测回。

2. 倒转望远镜，盘右再照准右边目标，读数并记入手簿；松开制动螺旋，逆时针旋转照准部照准左目标，读数并记入手簿，称为下半测回。

3. 测完第一测回后，应检查水准管气泡是否偏离；若气泡偏离值小于 1 格，则可测第二测回。第二测回开始前，起始读数要设置在 $90°02'$ 左右，再重复第一测回的各步骤。当两个测回间的测回差不超过 $24''$ 时，再取平均值。

竖直角观测方法：

1. 将仪器安置在测站上，对中、整平后，盘左照准高处（或低处）某一目标，读取竖直度盘度数 L，称为上半测回；松开制动螺旋，转动照准部，使仪器处于盘右状态，读取竖直度盘度数 R，称为下半测回。

2. 上半测回竖直角为：$\alpha_L = 90° - L$；

下半测回竖直角为：$\alpha_R = R - 270°$

一测回竖直角为：$\alpha = \dfrac{\alpha_L + \alpha_R}{2}$　或　$\alpha = \dfrac{1}{2}(R - L - 180°)$

3. 竖盘指标差

$$x = \frac{1}{2}(\alpha_R - \alpha_L) = \frac{1}{2}(R + L - 360°)$$

六、技术要求

1. 每人至少测 2 回。

2. 对中误差小于 3mm，水准管气泡偏离不应超过 1 格。

3. 第一测回对 $0°$，其他测回改变 $180°/n$。

4. 上、下半测回角值不超过 36″，各测回角值差不超过 24″。

七、注意事项

1. 仪器从箱中取出前，应看好它的放置位置，以免装箱时不能回复到原位。

2. 仪器在三脚架上未固定好前，手必须握住仪器，不得松手，以防仪器跌落。

3. 转动望远镜或照准部之前，必须先松开制动螺旋，用力要轻；一旦发现转动不灵，要及时检查原因，不可强行转动。

4. 当一个人操作时，其他组员只能用语言帮助，不能多人操作同一台仪器，以免发生仪器跌落的危险。

5. 仪器装箱后，要及时上锁，以防存在事故危险。

6. 一测回观测过程中，当水准管气泡偏离值大于 1 格时，应整平后重测。

7. 观测目标不应过粗或过细，否则以单丝评分目标或双丝夹住目标均有困难。

八、上交材料

1. 每人上交测回法观测水平角记录表一份(见附录)。

2. 每人上交测回法观测竖直角任务书一份(见附录)。

九、成绩评定

职业素养(包括表达能力、沟通能力、团队合作能力、实际操作能力、知识掌握能力)：

评价等级	表达能力	沟通能力	团队合作能力	实作能力	知识掌握能力
评价结果					

指导老师评语：

学习者签字： 日期： 年 月 日
指导教师签字： 日期： 年 月 日

测回法观测水平角记录表

日　期_____　　天气_____　　班　级_____　　小　组_____

仪器型号_____　　地点_____　　观测者_____　　记录者_____

测站	盘位	目标	水平度盘读数 (° ′ ″)	半测回角值 (° ′ ″)	一测回角值 (° ′ ″)	备注

测回法观测竖直角记录表

目标	盘位	竖盘读数 (° ′ ″)	半测回竖直角 (° ′ ″)	一测回竖直角 (° ′ ″)	指标差 (″)

【典型任务工作单 4-1】

实训项目　钢尺量距

班级：_____ 姓名：_____ 学号：_____ 时间：_____

一、实训目标

知识目标：掌握用钢尺测量距离。

能力目标：能用钢尺完成平坦地面距离测量及计算。

素质目标：培养规范操作习惯，良好职业行为，信息处理能力，团队协作意识，语言表达能力，动手、创新能力及实际操作能力。

二、实训目的

1. 掌握钢尺使用方法，学会在钢尺上的读数。
2. 掌握钢尺量距方法及水平距离及误差的计算。

三、实验器具

每组借领经纬仪 1 套，钢尺 1 个，花杆 4 个，测钎 1 组，记录板 1 个。

四、实训内容

1. 熟悉钢尺的类型及刻划。
2. 学会用经纬仪定线。
3. 学会使用钢尺量距。
4. 学会距离及精度计算。
5. 实践课时为 2 学时。

五、实训步骤

1. 在平坦地面选择两点，设定标识。
2. 经纬仪定线。

安置仪器，在起点张开三脚架，始架头大致水平，高度适中，将脚架稳定（踩紧）。然后用连接螺旋桨经纬架固定在三脚架上，对中、整平。照准终点，安插花杆进行直线定向。

3. 用钢尺从起点测量距离都终点，然后返测。
4. 计算距离及测量精度。

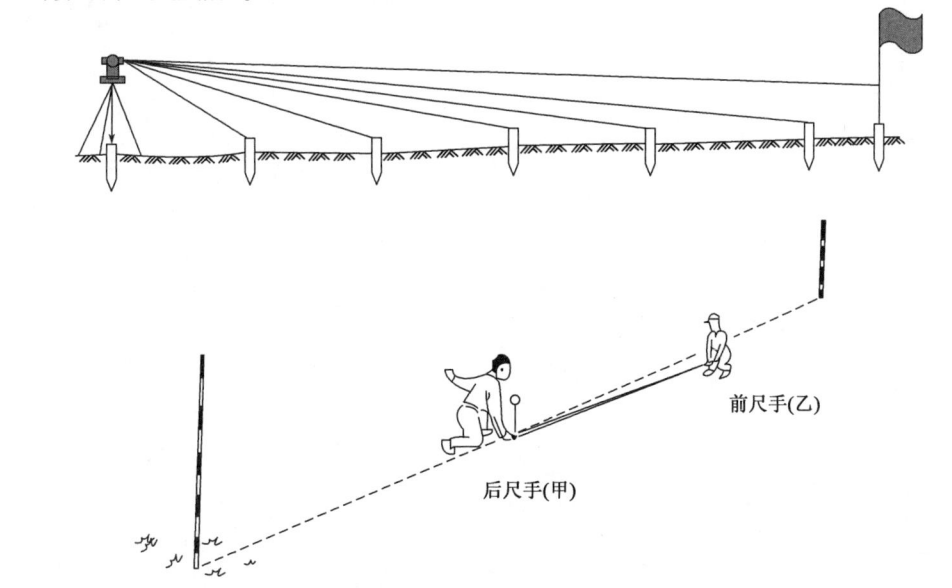

六、注意事项

1. 三个基本要求：直、平、准。

2. 丈量时，前后尺手要配合好，尺身要水平，尺要拉紧，用力要均匀，对点要准，尺稳定时再读数。

3. 钢尺拉出和收卷时要避免钢尺打卷。

4. 钢尺用过后，要用软布擦干净，涂以防锈油，再卷入盒中。

七、上交材料

1. 每人上交合格的钢尺量距录、计算表一份。

2. 每组上交任务书一份。

八、成绩评定

职业素养(包括表达能力、沟通能力、团队合作能力、实际操作能力、知识掌握能力)：

评价等级	表达能力	沟通能力	团队合作能力	实作能力	知识掌握能力
评价结果					

指导老师评语：

学习者签字： 日期： 年 月 日
指导教师签字： 日期： 年 月 日

【典型任务工作单6-1】

项目　全站仪基本操作

班级：_____　姓名：_____　学号：_____　时间：_____

一、实训目标

知识目标：掌握全站仪的操作。

能力目标：能操作全站仪完成对中、整平，完成角度、距离、坐标测量、坐标测设。

素质目标：培养规范操作习惯，良好职业行为，信息处理能力，团队协作意识，语言表达能力，动手、创新能力及实际操作能力。

二、实训目的

1. 掌握全站仪的常规设置和基本操作。

2. 熟悉一种全站仪的测距、测角、坐标测量、坐标测设等功能。

三、实训器具

每组借用全站仪1台，棱镜2个，记录板1块，测伞1把。

四、实训内容

1. 全站仪的基本操作与使用。

2. 进行角度、距离、坐标测量、坐标测设。

3. 实践课时为8学时。

五、实训步骤

1. 测回法测量水平角

2. 距离测量

3. 坐标测量

(1) 已知点建站

将全站仪所在已知点的数据和后视点的数据输入全站仪(要求输入测站点点号、坐标、代码、仪器高)，以便全站仪调用内部坐标测量和施工测设程序，进行坐标测量和施工测设。当全站仪在已知点上架设时必须选择第一项进行建站，否则全站仪默认上一个已知点的数据，测出的坐标和测设数据都是错误的。

(2) 快速建站

选择快速项，是将全站仪架设在未知点上默认 $X=0$、$Y=0$、$Z=0$；也可将全站仪架设在已知点上进行建站。对于后视可有可无，方位角也可假定，是一种独立坐标系的建站方法。

(3) 坐标测量

将全站仪所在已知点的数据和后视点的数据输入全站仪(要求输入测站点点号、坐标、代码、仪器高、棱镜高、棱镜常数、大气改正值或温度、气压值)，以便全站仪调用内部坐标测量程序，进行坐标测量。

4. 坐标测设(XYZ)

选择坐标测设XYZ项，要求输入测设点点号。然后要求输入测设点X、Y、Z坐标。输入测设点X、Y、Z坐标后，则显示目标点与测设点的差值。按照屏幕上的指示移动棱镜，再按【测量】键进行测量，直至测设结束。

六、注意事项

观测时，应仔细检查仪器的各项参数设置，禁止将望远镜照准太阳。

七、上交材料

1. 每人上交测回法观测水平角记录表一份，坐标测量记录表一份(见附录)。

2. 每人上交测回法观测水平角任务书一份(见附录)。

八、成绩评定

职业素养(包括表达能力、沟通能力、团队合作能力、实际操作能力、知识掌握能力)：

评价等级	表达能力	沟通能力	团队合作能力	实作能力	知识掌握能力
评价结果					

指导老师评语：

学习者签字：　　　　　　　　　　　　　　　　　　日期：　年　月　日
指导教师签字：　　　　　　　　　　　　　　　　　日期：　年　月　日

测回法观测水平角、距离记录表

测站	盘位	目标	水平度盘读数 (°′″)	半测回角值 (°′″)	一测回角值 (°′″)	距离

全站仪坐标测量记录表

测站点号：_____；测站点坐标：(_____，_____，_____)

后视点号：_____；

后视点坐标：(_____，_____，_____) 或 后视点方向：_____

仪器高 $i=$ _____ 反光镜高 $v=$ _____

点号	X	Y	H	附注

【典型任务工作单 7-1】

项目　GPS 操作及应用

班级：_____ 姓名：_____ 学号：_____ 时间：_____

一、实训目标

知识目标：

1. 掌握 GPS 的操作；
2. 掌握 GPS 测图方法；
3. 掌握 GPS 测量点的平面位置和高程。

能力目标：能操作 GPS 完成坐标测量和基本测图工作。

素质目标：培养规范操作习惯，良好职业行为，信息处理能力，团队协作意识，语言表达能力，动手、创新能力及实际操作能力。

二、实训目的

1. 掌握 GPS 的常规设置和基本操作。
2. 掌握 GPS 坐标测量等功能。

三、实训器具

基站 1 套共用，每组借用流动站主机 1 台、电子手簿 1 个、基站脚架、配套对中杆、传输数据线等。

每组自备安装有数字测图软件（CASS7.0 版本及以上自行安装）的笔记本计算机 1 台。

四、实训内容

1. GPS 的基本操作与使用。
2. 进行坐标测量。
3. 实践课时为 4 学时。

五、实训步骤

1. 用 GPS 测量控制点和碎部点的坐标。
2. 绘制草图。
3. 用 CASS 软件绘制平面图。

六、注意事项

1. 基站要架设在测区中央，位置比较高，高度角在 15°以上开阔。
2. 无电磁波干扰。
3. 移动站尽量避免楼房等干扰物阻碍。
4. 移动站保持与基站有效距离，差分格式相匹配。
5. 保持电源充足。

七、上交材料

1. 原始测量数据文件（dat 格式）。
2. 野外草图和 dwg 格式的地形图数据文件。

八、成绩评定

职业素养（包括表达能力、沟通能力、团队合作能力、实际操作能力、知识掌握能力）：

评价等级	表达能力	沟通能力	团队合作能力	实作能力	知识掌握能力
评价结果					

指导老师评语：

学习者签字：　　　　　　　　　　　　　　　　　　　　　日期：　年　月　日
指导教师签字：　　　　　　　　　　　　　　　　　　　　日期：　年　月　日

【典型任务工作单 9-1】

项目　　全站仪导线测量

班级：_____ 姓名：_____ 学号：_____ 时间：_____

一、实训目标

知识目标：

1. 掌握全站仪的操作；

2. 掌握全站仪测角、测距方法；

3. 掌握导线测量布设方法。

能力目标：能操作全站仪完成导线测量工作。

素质目标：培养规范操作习惯，良好职业行为，信息处理能力，团队协作意识，语言表达能力，动手、创新能力及实际操作能力。

二、实训目的

1. 熟悉导线的布设方法。

2. 掌握罗盘仪定向的方法。

3. 掌握全站仪导线测量。

三、实训器具

每组借用全站仪 1 台，罗盘仪 1 台，脚架 1 个，棱镜杆 1 根，棱镜 1 个，测伞 1 把，自备橡皮、铅笔、草图记录本。

四、实训内容

1. 布设导线，并做好标志。

2. 假设导线起始坐标，起始边坐标方位角用罗盘仪测定。

3. 用测回法完成闭合导线的转折角测量。

4. 用全站仪完成导线边长距离测量。

5. 画出草图，记录数据。

6. 实践课时为 6 学时。

五、实训步骤

1. 踏勘选点与建立标志。选点要恰当，标志要清晰。一般点的个数为小组人数。

2. 导线边长测量。采用往返测量的方法，其较差的相对误差不得超过 1/200。

3. 测量转折角，严格按照测绘法的观测程序作业，上、下半测回角度值差 ≤ ±36″。对中误差 < 3mm。水准管气泡偏差 < 1 格。

4. 用罗盘仪测定起始边的坐标方位角。

5. 导线内业计算。

六、注意事项

1. 在作业前应做好准备工作，将全站仪的电池充足电。

2. 使用全站仪时，应严格遵守操作规程，注意爱护仪器。

3. 外业数据采集后，应及时将全站仪数据导出到计算机中并备份。

4. 草图绘制应清晰，点号应与记录表中的点号一致。

5. 小组每个成员应轮流操作，掌握在一个测站上进行外业数据采集的方法。

七、上交材料

1. 每人上交草图一份。

2. 每组提交导线转折角度记录和计算表，距离往返测量数值和其相对误差计算结果。

3. 每组上交任务书一份。

八、成绩评定

职业素养(包括表达能力、沟通能力、团队合作能力、实际操作能力、知识掌握能力):

评价等级	表达能力	沟通能力	团队合作能力	实作能力	知识掌握能力
评价结果					

指导老师评语:

学习者签字: 日期: 年 月 日
指导教师签字: 日期: 年 月 日

闭合导线外业测量记录

日　　期_____　　天气_____　　班　　级_____　　小　　组_____
仪器型号_____　　地点_____　　观测者_____　　记录者_____

测站	盘位	目标	水平度盘读数 (° ′ ″)	半测回角值 (° ′ ″)	一测回角值 (° ′ ″)	距离 (m)	平均距离

闭合导线坐标计算表

点号	右角观测值 (° ′ ″)	改正后右角值 (° ′ ″)	方位角 (° ′ ″)	边长 (m)	坐标增量(m)		改正后坐标增量 (m)		坐标(m)	
					Δx	Δy	Δx	Δy	x	y
1	2	3	4	5	6	7	8	9	10	11

【典型任务工作单 9-2】

项目　四等水准测量

班级：_____ 姓名：_____ 学号：_____ 时间：_____

一、实训目标

知识目标：

1. 掌握水准仪的操作；

2. 掌握四等水准单站测量方法；

3. 掌握四等水准闭合水准路线测量方法。

能力目标：能操作水准仪完成闭合水准路线测量工作。

素质目标：培养规范操作习惯，良好职业行为，信息处理能力，团队协作意识，语言表达能力，动手、创新能力及实际操作能力。

二、实训目的

1. 掌握四等水准测试的观测、记录、计算及校核方法。

2. 熟悉掌握四等水准测量的主要技术要求，水准路线的布设及闭合差的计算。

三、实训器具

每组借用 DS_3 水准仪 1 台，双面水准尺 1 对，尺垫 2 个，记录板 1 块，测伞 1 把。

四、实训内容

1. 用四等水准测量的方法观测一条闭合水准路线。

2. 进行高差闭合差的调整与高程计算。

3. 实训课时为 4 学时。

五、实训步骤

1. 观测

选择一条闭合水准路线，按下列顺序进行逐站观测：

(1) 照准后视尺黑面，精平后，读取下、上、中三丝读数，记入手簿，照准后视尺红面，读取中丝读数，记入手簿。

(2) 照准前视尺，重新填平，读黑面尺下、上、中三丝读数，再读红面中丝读数，记入手簿，以上观测顺序简称为"后、后、前、前"。

2. 记录

将观测数据记入表中相应栏中，并及时算出前后视距差、视距累计差、红黑面读数差、红黑面高差及其差值。每项计算均有限差要求，当符合限差要求后，方可迁站，直至测量完成。

3. 内业计算

(1) 计算线路总长度。

(2) 根据各站的高差中数，计算高差闭合差。

(3) 当高差闭合差符合限差要求时，进行闭合差的调整及计算各待定点的高程。

六、技术要求

1. 黑、红面读数差（即 $K+黑-红$）不得超过 ±3mm。

2. 一测站红、黑面高差之差不得超过 ±5mm。

3. 前、后视距差不得超过 3m，全程累计差不得超过 10m。

4. 视线高度以三丝均能在尺上读数为准，实现长度小于 100m。

5. 高差闭合差应不超过 $±20\sqrt{L}$mm 或 $±8\sqrt{n}$。

七、注意事项

1. 在观测的同时，记录员应及时进行测站计算核验，符合要求方可搬站，否则应重测。

2.仪器未搬站时,后视尺不得移动;仪器搬站时,前视尺不得移动。

八、上交材料

1.每人上交四等水准测量观测记录表一份,水准测量路线成果计算表一份。

2.每组上交任务书一份。

九、成绩评定

职业素养(包括表达能力、沟通能力、团队合作能力、实际操作能力、知识掌握能力):

评价等级	表达能力	沟通能力	团队合作能力	实作能力	知识掌握能力
评价结果					

指导老师评语:

学习者签字:　　　　　　　　　　　　　　　　　　　　日期:　年　　月　　日
指导教师签字:　　　　　　　　　　　　　　　　　　　日期:　年　　月　　日

四等水准测量记录表

测自_____至_____　　仪器_____　　观测_____

时间 始_____末_____　　天气_____　　记录_____

测站编号	后尺 上丝 下丝 后距 视距差 d	前尺 上丝 下丝 前距 Σd	方向及尺号	标尺读数 黑面	标尺读数 红面	$K+$黑 $-$红	高差中数	备注
			后					
			前					
			后－前					
			后					
			前					
			后－前					
			后					
			前					
			后－前					
			后					
			前					
			后－前					

测站编号	后尺	上丝	前尺	上丝	方向及尺号	标尺读数		K+黑-红	高差中数	备注
		下丝		下丝		黑面	红面			
	后距		前距							
	视距差 d		∑d							
					后					
					前					
					后−前					
					后					
					前					
					后−前					
					后					
					前					
					后−前					
					后					
					前					
					后−前					
					后					
					前					
					后−前					
					后					
					前					
					后−前					
					后					
					前					
					后−前					
					后					
					前					
					后−前					

水准测量路线成果计算表

日期 _____ 班级 _____ 小组 _____ 计算者 _____

点名	测站 n	距离(m)	观测高差(m)	改正数(m)	改正后高差(m)	高程(m)
Σ						

$f =$
$f_{容} =$

【典型任务工作单10-1】

项目　测绘校园平面图

班级：_____ 姓名：_____ 学号：_____ 时间：_____

一、实训目标

知识目标：
1. 掌握全站仪的操作；
2. 掌握数据采集的方法；
3. 掌握Cass软件成图的方法。

能力目标：能操作全站仪完野外数据采集和Cass软件成图的工作。

素质目标：培养规范操作习惯，良好职业行为，信息处理能力，团队协作意识，语言表达能力，动手、创新能力及实际操作能力。

二、实训目的
1. 增强学生全站仪野外数据采集技能训练。
2. 对学生的Cass软件绘图技能进行强化训练，通过Cass成图软件实习使学生更熟练Cass软件的操作，熟悉地物菜单、注重学生能力的培养。
3. 使测与绘的技能融会贯通，理论更好地与实践相结合。

三、实训器具

每组借用全站仪1套、棱镜2个、记录板1个、测伞1把、机房、Cass成图软件。

四、实训内容
1. 全站仪野外数据采集。
2. Cass软件成图。
3. 实训课时为8学时。

五、实训步骤
1. 闭合导线进行校园平面控制测量。
2. 根据已知控制点测量细部点坐标，应用全站仪测绘校园平面图，注意测量过程中的检核。
3. 将所有数据整理录入Cass软件，在软件中展绘校园平面图。

六、实训要求
1. 注意仪器的安全使用、合理操作、爱护仪器。
2. 校园平面图测量点位选取合理，不漏点、不在单点解和浮动解状态下保存数据，注意数据保存、连接，不丢失。
3. 在进行下一个点测量过程中，要先进行检核，校正点坐标后继续进行坐标测量。
4. 对数据的错误和操作的错误进行总结分析。

七、上交材料
1. 每组上校园平面图一份。
2. 每组上交任务书一份。

八、成绩评定

职业素养（包括表达能力、沟通能力、团队合作能力、实际操作能力、知识掌握能力）：

评价等级	表达能力	沟通能力	团队合作能力	实作能力	知识掌握能力
评价结果					

指导老师评语：

学习者签字：　　　　　　　　　　　　　　　　　　　　　　日期：　年　月　日
指导教师签字：　　　　　　　　　　　　　　　　　　　　　日期：　年　月　日

【典型任务工作单 11-1】

项目　　高程测设

班级：_____ 姓名：_____ 学号：_____ 时间：_____

一、实训目标

知识目标：

1. 掌握水准仪的操作；

2. 掌握计算点的设计高程测设数据的方法；

3. 掌握高程测设的操作方法。

能力目标：能操作水准仪完成高程测设工作。

素质目标：培养规范操作习惯，良好职业行为，信息处理能力，团队协作意识，语言表达能力，动手、创新能力及实际操作能力。

二、实训目的

掌握用水准仪进行设计高程的测设方法。

三、实训器具

每组借用 DS_3 水准仪 1 台，双面水准尺 1 对，尺垫 2 个，记录板 1 块，测伞 1 把。

四、实训内容

1. 计算点的设计高程的测设数据并测设。

2. 实训课时为 2 学时。

五、实训步骤

1. 在现场选定一点 A，假设其高程为 $H_A = 72.338\text{m}$。

2. 需要测设点 P_1 的设计高程 $H_{P1} = 73.678\text{m}$，P_2 的设计高程 $H_{P2} = 73.237\text{m}$。

3. 计算点 1 和点 2 的测设数据。

4. 进行测设。

六、实训要求

1. 按所给的假定条件和数据，先计算出测设数据前视标尺读数。

2. 根据计算出的测设元素进行测设，要求每组测设 2 个点。

3. 计算完毕和测设完毕后，都必须进行认真的校核。

七、上交材料

每组上交测设设计高程的任务书一份。

测设数据的计算：

$$b_1 = H_A + a_1 - H_{P1} =$$
$$b_2 = H_A + a_2 - H_{P2} =$$

测设后经检查，点 1 与点 2 的高差 $H_{P2} - H_{P1} =$ _____。

与已知值相差 _____ mm。

八、成绩评定

职业素养（包括表达能力、沟通能力、团队合作能力、实际操作能力、知识掌握能力）：

评价等级	表达能力	沟通能力	团队合作能力	实作能力	知识掌握能力
评价结果					

指导老师评语：

学习者签字：　　　　　　　　　　　　　　　　　　　日期：　　年　　月　　日
指导教师签字：　　　　　　　　　　　　　　　　　　日期：　　年　　月　　日

【典型任务工作单 12-1】

项目　测设圆曲线

班级：_____ 姓名：_____ 学号：_____ 时间：_____

一、实训目标

知识目标：

1. 掌握全站仪的操作；
2. 掌握计算圆曲线测设数据的方法；
3. 掌握圆曲线主点测设的方法；
4. 掌握圆曲线详细测设的方法。

能力目标：能操作全站仪完圆曲线测设的工作。

素质目标：培养规范操作习惯，良好职业行为，信息处理能力，团队协作意识，语言表达能力，动手、创新能力及实际操作能力。

二、实训目的

掌握用偏角法测设圆曲线的方法。

三、实训器具

每组借用全站仪 1 套、棱镜 2 个、计算器（自备）、记录板 1 个，测伞 1 把。

四、实训内容

1. 练习偏角法测设圆曲线的方法、步骤。
2. 实训课时为 4 学时。

五、实训步骤

1. 计算测设数据；
2. 测设曲线主点；
3. 测设细部点。

六、实训要求

1. 每 5m 弧长测设一个细部点。
2. 当从 ZY 及 YZ 向曲中点 QZ 测设曲线时，由于测设误差的影响，半条曲线的最后一点不会正好落在控制桩 QZ 上，假设落在 QZ′上，则 QZ 至 QZ′的距离称为闭合差 f。
3. 闭合差的允许值是分纵向闭合差 f_x 与横向闭合差 f_y 来考虑的。若纵向（沿线路方向）闭合差 f_x 小于 1/2000、横向（沿曲线半径方向）闭合差 f_y 小于 10cm 时，可根据曲线上各点到 ZY（或 YZ）的距离，按长度比例进行分配。

七、上交材料

1. 每人上交计算表一份。
2. 每组上交圆曲线的测设任务书一份。

八、成绩评定

职业素养（包括表达能力、沟通能力、团队合作能力、实际操作能力、知识掌握能力）：

评价等级	表达能力	沟通能力	团队合作能力	实作能力	知识掌握能力
评价结果					

指导老师评语：

学习者签字：　　　　　　　　　　　　　　　　　　　　　　　　　日期：　年　月　日
指导教师签字：　　　　　　　　　　　　　　　　　　　　　　　　日期：　年　月　日

测设圆曲线

一、已知资料

转向角 α = _____ 半径 R = _____ JD 里程 = _____

二、计算数据

1. 曲线要素

T =

L =

E_0 =

q =

2. 主点里程

ZY 点里程 =

QZ 点里程 =

YZ 点里程 =

3. 细部点坐标计算

细部点里程	曲线长	圆心角	X	Y

现场检核

横向闭合差：_____ ≤ 0.1 m，纵向闭合差：_____ $\leq \dfrac{l}{2000}$。

【典型任务工作单12-2】

项目　综合曲线测设

班级：＿＿＿　姓名：＿＿＿　学号：＿＿＿　时间：＿＿＿

一、实训目标

知识目标：

1. 掌握全站仪的操作；
2. 掌握计算综合曲线测设数据的方法；
3. 掌握综合曲线主点测设的方法。

能力目标：能操作全站仪完综合曲线测设的工作。

素质目标：培养规范操作习惯，良好职业行为，信息处理能力，团队协作意识，语言表达能力，动手、创新能力及实际操作能力。

二、实训目的

1. 掌握缓和曲线测设要素的计算。
2. 掌握缓和曲线主点里程桩号的计算。
3. 掌握缓和曲线主点的测设方法。
4. 掌握用偏角法进行带缓和曲线的曲线的详细测设。

三、实训器具

每组借用全站仪1套、棱镜2个、计算器（自备）、记录板1个，测伞1把。

四、实训内容

1. 根据给定的数据计算测设要素和主点里程。
2. 测设带缓和曲线的曲线主点。
3. 用偏角法进行带缓和曲线的曲线的详细测设。
4. 实训课时为4学时。

五、实训步骤

1. 主点测设
2. 详细测设

(1) ZH或HZ处安置仪器，完成对中、整平工作。

(2) 后视ZD，输入测站点和后视点坐标。

(3) 输入细部点坐标，放样细部点。

六、实训要求

1. 缓和曲线部分每5m弧长测设一个细部点，圆曲线部分每10m弧长测设一个细部点。

2. 当从HY及YH向曲中点QZ测设曲线时，由于测设误差的影响，半条曲线的最后一点不会正好落在控制桩QZ上，假设落在QZ'上，则QZ至QZ'的距离称为闭合差f。

3. 闭合差的允许值是分纵向闭合差f_x与横向闭合差f_y来考虑的。纵向（沿线路方向）闭合差f_x小于1/2000，横向（沿曲线半径方向）闭合差f_y小于10cm。

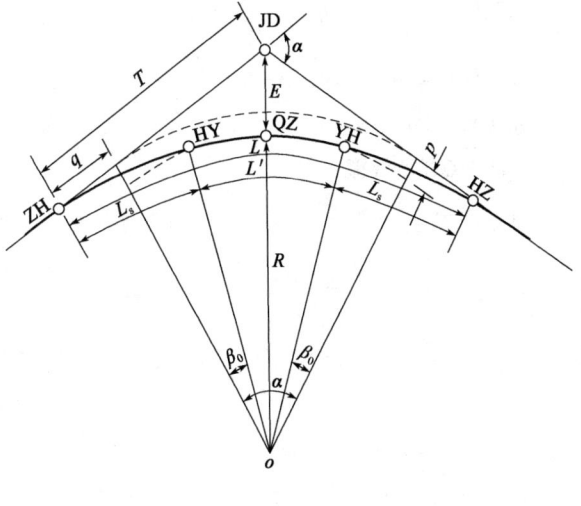

七、上交材料

1. 每人上交计算表一份。

2. 每组上交综合曲线的测设任务书一份。

八、成绩评定

职业素养(包括表达能力、沟通能力、团队合作能力、实际操作能力、知识掌握能力)：

评价等级	表达能力	沟通能力	团队合作能力	实作能力	知识掌握能力
评价结果					

指导老师评语：

学习者签字： 日期： 年 月 日
指导教师签字： 日期： 年 月 日

$l_0 =$ m, $\alpha =$, $\alpha_0 = 5$, $R =$ m, ZH 点坐标为(,), ZH 点里程为

缓和曲线常数计算

缓和曲线倾角 $\beta_0 = \dfrac{l_0}{2R} \cdot \dfrac{180°}{\pi}$

圆曲线的内移值 $P = \dfrac{l_0^2}{24R}$

切线外移量 $m = \dfrac{l_0}{2}$

综合曲线要素计算

切线长度 $T = (R+P)\tan\dfrac{\alpha}{2} + m$

曲线长度 $L = R(\alpha - 2\beta_0) \cdot \dfrac{\pi}{180°} + 2l_0 = R\alpha\dfrac{\pi}{180°} + l_0$

外矢距 $E = (R+P)\sec\dfrac{\alpha}{2} - R$

切曲差 $D = 2T - L$

曲线主点里程计算

$ZH_{里程} = JD_{里程} - T$ $HY_{里程} = ZH_{里程} + l_0$ $QZ_{里程} = HY_{里程} + \left(\dfrac{L}{2} - l_0\right)$

$YH_{里程} = QZ_{里程} + \left(\dfrac{L}{2} - l_0\right)$ $HZ_{里程} = YH_{里程} + l_0$

第一段缓和曲线部分坐标计算表

计算公式：

$$X_i = X_{ZH} + \left(l_i - \frac{l_i^5}{40R^2 l_0^2}\right)\cos\alpha_0 - \left(\frac{l_i^3}{6Rl_0}\right)\sin\alpha_0$$

$$Y_i = Y_{ZH} + \left(l_i - \frac{l_i^5}{40R^2 l_0^2}\right)\sin\alpha_0 + \left(\frac{l_i^3}{6Rl_0}\right)\cos\alpha_0$$

里程桩号	l_i(m)	$\dfrac{l_i^5}{40R^2 l_0^2}$	$\dfrac{l_i^3}{6Rl_0}$	$\cos\alpha_0$	$\sin\alpha_0$	X_i	Y_i

圆曲线部分坐标计算表

计算公式：$X_i = X_{ZH} + (R\sin\varphi_i + m)\cos\alpha_0 - [R(1-\cos\varphi_i) + P]\sin\alpha_0$

$$Y_i = Y_{ZH} + (R\sin\varphi_i + m)\sin\alpha_0 + [R(1-\cos\varphi_i) + P]\cos\alpha_0$$

$$\varphi_i = \frac{180°}{\pi R}(l_i - l_0) + \beta_0$$

里程桩号	$l_i(\text{m})$	φ_i	$R\sin\varphi_i + m$	$[R(1-\cos\varphi_i)+P]$	$\cos\alpha_0$	$\sin\alpha_0$	X_i	Y_i

【典型任务工作单13-1】

项目　纵断面测量

班级：＿＿＿＿　姓名：＿＿＿＿　学号：＿＿＿＿　时间：＿＿＿＿

一、实训目标

知识目标：

1. 掌握 DS_3 水准仪的操作；
2. 掌握线路中平测量方法（水准测量）；
3. 掌握绘制线路纵断面图的方法。

能力目标：能操作水准仪完成线路中平测量及绘制线路纵断面图的工作。

素质目标：培养规范操作习惯，良好职业行为，信息处理能力，团队协作意识，语言表达能力，动手、创新能力及实际操作能力。

二、实训目的

1. 掌握线路中平方法（水准测量）。
2. 掌握线路纵断面图绘制方法。

三、实训器具

每组借用 DS_3 水准仪1台，水准尺1对，尺垫2个，记录板1块，测伞1把。

四、实训内容

1. 选定一条线路，测定中线上各控制桩、百米桩、加桩处的地面高程。
2. 绘制线路纵断面图。
3. 实训课时为2学时。

五、实训步骤

1. 选线：选择一条路线，设置中线上各控制桩、百米桩、加桩。
2. 基平测量：测定水准点高程。（控制测量采用四等水准测量）
3. 中平测量：一台水准仪单向观测，从一个水准点出发逐个测定中桩的地面高程，附合到下一个水准点，两个水准点之间形成附合水准路线。将观测数据记入表中相应栏中，并及时计算，直至测量完成。

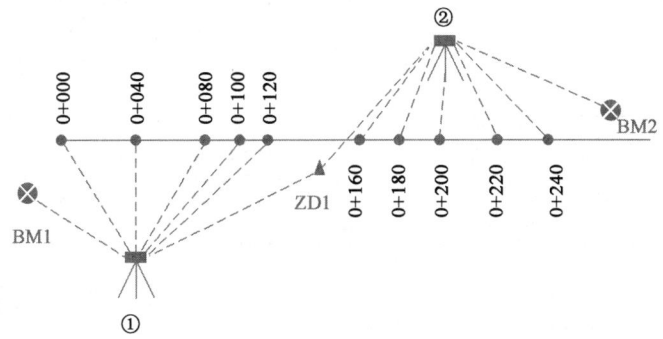

4. 绘制纵断面图

六、技术要求

1. 一台水准仪单向观测，从一个水准点出发逐个测定中桩的地面高程，附合到下一个水准点，两个水准点之间形成附合水准路线。
2. 限差为 $\pm 50\sqrt{L}$。（L 为水准路线的总长度，以 km 为单位）
3. 记录手簿应记录完整，符合规定。
4. 中桩高程宜观测两次，其不符值不应超过 10cm，取至 cm，中桩高程闭合差在限差内不作平差。

七、上交材料

1. 每人上交中平水准测量观测记录表一份，纵断面图一份。

2. 每组上交任务书一份。

八、成绩评定

职业素养(包括表达能力、沟通能力、团队合作能力、实际操作能力、知识掌握能力)：

评价等级	表达能力	沟通能力	团队合作能力	实作能力	知识掌握能力
评价结果					

指导老师评语：

学习者签字：　　　　　　　　　　　　　　　日期：　年　月　日

指导教师签字：　　　　　　　　　　　　　　日期：　年　月　日

路线纵断面水准(中平)测量记录

测站	点号	水准尺读数			仪器视线高程	高程
		后视	中视	前视		
1	BM_1	2.191			14.505	12.314
	0+000		1.62			12.89
	+050		1.90			12.61
	+100		0.62			13.89
	+108		1.03			13.48
	+120		0.91			13.60
	TP_1			1.006		13.499
2	TP_1	2.162			15.661	13.499
	+140		0.50			15.16
	+160		0.52			15.14
	+180		0.82			14.84
	+200		1.20			14.46
	+221		1.01			14.65
	+240		1.06			14.60
	TP_2			1.521		14.140
3	TP_2	1.421			15.561	14.140
	+260		1.48			14.08
	+280		1.55			14.01
	+300		1.56			14.00
	+320		1.57			13.99
	+335		1.77			13.79
	+350		1.97			13.59
	TP_3			1.388		14.173

【典型任务工作单 14-1】

项目　GPS-RTK 路基边坡平面位置放样

班级：_____姓名：_____学号：_____时间：_____

一、实训目标
知识目标：
1. 掌握 RTK 的操作；
2. 掌握 RTK 道路放样方法。
能力目标：能操作 RTK 完成道路放样工作。
素质目标：培养规范操作习惯，良好职业行为，信息处理能力，团队协作意识，语言表达能力，动手、创新能力及实际操作能力。
二、实训目的
1. 掌握 RTK 的常规设置和基本操作。
2. 掌握 RTK 道路平面位置放样功能。
三、实训器具
每组借用 RTK 流动站主机 1 台、电子手簿 1 个、配套对中杆、传输数据线等。
四、实训内容
1. RTK 的基本操作与使用。
2. 道路平面位置放样。
3. 实训课时为 2 学时。
五、实训步骤
1. 选择设计好的道路文件。
2. 链接 RTK，参数设置（或点校正）。
3. 进入"测量/线路放样"，打开线路文件，点选"线路放样"按钮。
4. 根据设计文件，移动 RTK 至设计里程处的大致偏距点 P，结束平面位置放样。
六、注意事项
1. 基站要架设在测区中央，位置比较高，高度角在 15°以上开阔。
2. 无电磁波干扰。
3. 移动站尽量避免楼房等干扰物阻碍。
4. 移动站保持与基站有效距离，差分格式相匹配。
5. 保持电源充足。
七、上交材料
每组上交任务书一份。
八、成绩评定
职业素养（包括表达能力、沟通能力、团队合作能力、实际操作能力、知识掌握能力）：

评价等级	表达能力	沟通能力	团队合作能力	实作能力	知识掌握能力
评价结果					

指导老师评语：

学习者签字：　　　　　　　　　　　　　　　　　　　　日期：　年　月　日
指导教师签字：　　　　　　　　　　　　　　　　　　　日期：　年　月　日

【典型任务工作单 15-1】

<h2 style="text-align:center">项目　前方交会法测设点的平面位置</h2>

班级：_____ 姓名：_____ 学号：_____ 时间：_____

一、实训目标

知识目标：

1. 掌握全站仪的操作；

2. 掌握计算点的平面位置（前方交会法）测设数据的方法；

3. 掌握全站仪角度测设、距离测设的方法。

能力目标：能操作全站仪完成前方交会测设点的平面位置的工作。

素质目标：培养规范操作习惯，良好职业行为，信息处理能力，团队协作意识，语言表达能力，动手、创新能力及实际操作能力。

二、实训目的

掌握用前方交会法测设点的平面位置的方法。

三、实训器具

每组借用全站仪 1 套、测钎 2 根、木桩 2 个、计算器（自备）、记录板 1 个、测伞 1 把。

四、实训内容

1. 计算点的平面位置的（前方交会法）测设数据。

2. 用前方交会法测设的方法、步骤。

3. 实训课时为 2 学时。

五、实训步骤

1. 在现场选定两点 A、B 在一条直线上，将全站仪安置在 $A(10.000,10.000)$ 点，用全站仪量出 $B(10.000,30.000)$ 点。

2. 已知建筑物轴线上点 P_1 和点 P_2 的距离为 2.000m，其设计坐标为：$P_1(20.000,20.000)$，$P_2(20.000,22.000)$。

3. 计算点 P_1 和点 P_2 的测设数据。

4. 进行测设。

六、实训要求

如图所示。

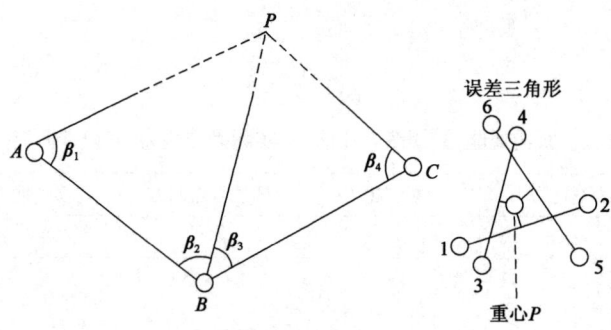

前方交会法测设 P 点

1. 按所给的假定条件和数据，先计算出测设元素 α_{AP1}、α_{BP1}、β_{11}、α_{AP2}、α_{BP2}、β_{21}、β_{22}（施工测设中，β_{11}、β_{12}、β_{21}、β_{22} 分别相当于图中的 β_1、β_2、β_3、β_4）。

2. 根据计算出的测设元素进行测设，要求每组测设 2 个点。

3.计算完毕和测设完毕后,都必须进行认真的校核。

七、上交材料

每组上交用前方交会法测设点的平面位置的任务书一份。

测设数据的计算:

$$\alpha_{AP_1} =$$

$$\alpha_{BP_1} =$$

$$\beta_{11} = \alpha_{AB} - \alpha_{AP_1} =$$

$$\beta_{12} = \alpha_{BP_1} - \alpha_{BA} =$$

$$\alpha_{AP_2} =$$

$$\alpha_{BP_2} =$$

$$\beta_{21} = \alpha_{AB} - \alpha_{AP_2} =$$

$$\beta_{22} = \alpha_{BP_2} - \alpha_{BA} =$$

测设后经检查,点 P_1 与点 P_2 的距离 $d_{12} =$ 与已知值 2.000m 相差   mm。

八、成绩评定

职业素养(包括表达能力、沟通能力、团队合作能力、实际操作能力、知识掌握能力):

评价等级	表达能力	沟通能力	团队合作能力	实作能力	知识掌握能力
评价结果					

指导老师评语:

学习者签字: 日期: 年 月 日

指导教师签字: 日期: 年 月 日

【典型任务工作单 16-1】

项目　二等水准测量

班级：_____ 姓名：_____ 学号：_____ 时间：_____

一、实训目标

知识目标：

1. 掌握电子水准仪的操作；
2. 掌握电子水准仪测量高差方法；
3. 掌握闭合水准路线测量方法。

能力目标：能操作电子水准仪完成闭合水准路线测量工作。

素质目标：培养规范操作习惯，良好职业行为，信息处理能力，团队协作意识，语言表达能力，动手、创新能力及实际操作能力。

二、实训目的

1. 掌握二等水准测试的观测、记录、计算及校核方法。
2. 熟悉掌握二等水准测量的主要技术要求，水准路线的布设及闭合差的计算。

三、实训器具

每组借用电子水准仪 1 台，水准尺 1 对，尺垫 2 个，记录板 1 块，测伞 1 把。

四、实训内容

1. 用二等水准测量的方法观测一条闭合水准路线。
2. 进行高差闭合差的调整与高程计算。
3. 实训课时为 4 学时。

五、实训步骤

1. 观测

选择一条闭合水准路线，采用单程观测，奇数站观测水准尺的顺序为：后—前—前—后；偶数站观测水准尺的顺序为：前—后—后—前。

水准测量各测段测站数必须为偶数。

2. 记录

将观测数据记入表中相应栏中，并及时算出前后视距差、视距累计差、两次读数之差及其高差。每项计算均有限差要求，当符合限差要求后，方可迁站，直至测量完成。

3. 内业计算

高程误差配赋计算，按照测绘规定的"4 舍 6 进、5 看奇偶"的取舍原则，距离取位到 0.1m，高差及其改正数取位到 0.00001m，高程取位到 0.001m。计算格式见高程误差配赋表（见示例）。表中必须写出闭合差和闭合差允许值。

六、技术要求

1. 观测按相应的测量标准（严禁采用仪器自身二等水准程序测量进行观测记录）。
2. 记录手簿应记录完整，符合规定。
3. 计算时高差取位到 0.00001m，高程取位到 0.001m。
4. 测量限差要求按下表"二等水准测量技术要求"执行。

二等水准测量技术要求

视线长度（m）	前后视距差（m）	前后视距累积差（m）	视线高度（m）	两次读数所得高差之差（mm）	数字水准仪重复测量次数（次）	测段、环线闭合差
≥3 且 ≤50	≤1.5	≤6.0	≤2.80 且 ≥0.35	≤0.6	≥2	≤$4\sqrt{L}$

注：L 为闭合路线的总长度，以 km 为单位。

七、注意事项
1. 在观测的同时，记录员应及时进行测站计算核验，符合要求方可搬站，否则应重测。
2. 仪器未搬站时，后视尺不得移动；仪器搬站时，前视尺不得移动。

八、上交材料
1. 每人上交二等水准测量观测记录表一份，水准测量路线成果计算表一份。
2. 每组上交任务书一份。

九、成绩评定
职业素养（包括表达能力、沟通能力、团队合作能力、实际操作能力、知识掌握能力）：

评价等级	表达能力	沟通能力	团队合作能力	实作能力	知识掌握能力
评价结果					

指导老师评语：

学习者签字：　　　　　　　　　　　　　　　　　　　　　　　日期：年　月　日
指导教师签字：　　　　　　　　　　　　　　　　　　　　　　日期：年　月　日

二等水准测量手簿

测站编号	后距	前距	方向及尺号	标 尺 读 数		两次读数之差	备注
	视距差	累积视距差		第一次读数	第二次读数		
			后				
			前				
			后－前				
			h				
			后				
			前				
			后－前				
			h				
			后				
			前				
			后－前				
			h				
			后				
			前				
			后－前				
			h				
			后				
			前				
			后－前				
			h				
			后				
			前				
			后－前				
			h				
			后				
			前				
			后－前				
			h				
			后				
			前				
			后－前				
			h				

注:高差要写正负号,高差中数保留6位小数,测段高差按"奇进偶不进"保留5位小数。

二等水准测量高程误差配赋表示例

点名	测段编号	距离（m）	观测高差（m）	改正数（m）	改正后高差（m）	高程（m）
Σ						
			$W=$	$W_允=$		

注：高差和改正数保留5位小数，待定点高程推算后保留3位小数。

案例分析及模拟试卷

人民交通出版社股份有限公司
北　京

目　　录

【案例分析】

案例分析 1 ……………………………………………………………………………… 1
案例分析 2 ……………………………………………………………………………… 2
案例分析 3 ……………………………………………………………………………… 3
案例分析 4 ……………………………………………………………………………… 4
案例分析 5 ……………………………………………………………………………… 5

【模拟试卷】

模拟试卷 1 ……………………………………………………………………………… 6
模拟试卷 2 ……………………………………………………………………………… 9
模拟试卷 3 ……………………………………………………………………………… 12
模拟试卷 4 ……………………………………………………………………………… 15
模拟试卷 5 ……………………………………………………………………………… 19
模拟试卷 6 ……………………………………………………………………………… 23
模拟试卷 7 ……………………………………………………………………………… 26
模拟试卷 8 ……………………………………………………………………………… 29
模拟试卷 9 ……………………………………………………………………………… 32
模拟试卷 10 …………………………………………………………………………… 35

案例分析 1　图 根 测 量

案例资料：

测绘单位承接了某城市 1∶500 地形图测绘任务，测区范围为 3km×4km，测量控制资料齐全，测图按 50cm×50cm 分幅。

依据的技术标准有《城市测量规范》(CJJ/T 8—2011)、《1∶500　1∶1000　1∶2000 外业数字测图规程》(GB/T 14912—2017)、《数字测绘成果质量检查与验收》(GB/T 18316—2008)、《测绘成果质量检查与验收》(GB/T 24356—2009)等。

外业测图采用全野外数字测图，其中某条图根导线边长测量时采用单向观测、一次读数图根导线测量完成后发现边长测量方法不符合规范要求及时进行了重测碎部点，采集了房屋、道路、河流、桥梁、铁路、树木、池塘、高压线、绿地等要素，经对测量数据进行处理和编辑后成图。

作业中检查员对成果进行了 100% 的检查；再送交所在单位质检部门进行检查；然后交甲方委托的省级质监站进行验收，抽样检查了 15 幅图。

案例问题：

1. 上述图根导线边长测量方法为什么不符合规范要求？
2. 按照地形图要素分类说明外业采集的碎部点分别属于哪些大类要素。
3. 测量成果检查验收的流程和抽样比例是否符合规范要求？说明理由。

案例分析 2 变 形 监 测

案例资料：

某城市建设一座50层的综合大楼，距离1号运营地铁线的最近水平距离为40m，需对开挖基坑、综合大楼及相邻的地铁隧道进行变形监测，变形监测按照《工程测量标准》(GB 50026—2020)和《城市轨道交通工程测量规范》(GB/T 50308—2017)中变形监测Ⅱ等精度要求实施。

开挖基坑监测：基坑上边缘尺寸为100m×80m，开挖深度为25m，在基坑周边布设了四个工作基点A、B、C、D，变形监测点布设在基坑壁的顶部、中部和底部；监测内容包括水平位移、垂直位移和基坑回填等；基坑开挖初期监测频率为1次/周，随着基坑开挖深度的增加，相应增加监测频率；监测从基坑开挖开始至基坑回填结束。监测到第12期时，发现由工作基点A测量的所有监测点整体向上位移，而由工作基点B、C、D测量的监测点整体下沉或不变。

综合大楼监测：大楼的监测点布设在顶部、中部和基础上，沿主墙角和立柱布设；监测内容包括基础沉降、基础倾斜和大楼倾斜等；监测频率为1次/周；监测从基础施工开始至大楼竣工后1年。

地铁隧道监测：监测范围为综合大楼相邻的200m区段；监测内容包括隧道拱顶下沉、衬砌结构收敛变形及倒墙位移等；变形监测点按断面布设，断面间距为5m，每个断面上布设5个监测点，每个点上安装圆棱镜，采用2台高精度自动全站仪自动测量，监测频率为2次/天；隧道监测从基坑开挖前一个月至大楼竣工后1年。

监测数据采用SQL数据库进行管理，数据库表单包括周期表单、工程表单、原始数据表单、测量仪器表单、坐标与高程表单等。监测成果包含监测点坐标数据、变形过程线及成果分析等。

案例问题：

1. 该段地铁隧道变形监测中，总共需布设多少个断面监测点？对两台高精度自动全站仪的安装位置有什么要求？

2. 从测量角度判断工作基点A测量的基坑监测点向上位移的原因，并提出验证方法。

案例分析3 规划监督测量

案例资料:

某测绘单位承接了某办公大楼建设项目的规划监督测量任务。该办公楼为4层楼,长方形结构,楼顶为平顶。办公楼相邻环境:东侧为办公大厦,南侧为小区市政道路,西侧为住宅楼,北侧为绿地。

竣工后的办公楼室外周边地坪为水平。测量区域周边可用的控制点齐全。测量执行《城市测量规范》(CJJ/T 8—2011)。

测绘单位在实施规定监督测量过程中,分别进行了办公楼灰线验线测量、±0层地坪高程测量、办公楼高度测量、竣工地形图测量、地下管线测量、办公楼建筑面积测量、验测了周边建筑物的条件点。其中,办公楼高度采用电磁波测距三角高程测量法(见下图),测量了设站点A仪器到楼顶C点的距离(SD)和天顶距ZA;采用水准测量方法实测了室外地坪高程和设站点A的地面高程。一次观测得到如下测量数据:

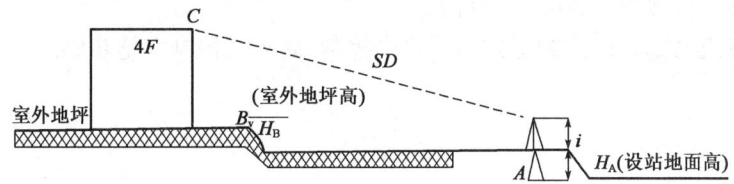

H_A(设站地面高) = 47.000m

H_B(室外地坪高) = 48.500m

i(仪器高) = 1.600m

SD = 37.000m

天顶距 $ZA = 60°00'00''$

$\left(\sin 60° = \dfrac{\sqrt{3}}{2}, \cos 60° = \dfrac{1}{2}\right)$

案例问题:

1. 测绘单位实施的测量内容中,哪些属于验收测量?
2. 竣工地形图测量中,应测量办公楼周边的哪些要素?其中建筑物的条件应采用什么方法进行测量?
3. 求办公楼高度。

案例分析 4 高层控制测量

案例资料：

某新城 3 号地块 1 号楼，包括地下 2 层、主体 32 层，建筑总高度 101.60m，地下 2 层面积 3012m^2，地上 32 层面积 46080m^2，总建筑面积约 49092m^2。结构形式为高层剪力墙、框架结构。±0.00 高程相当于黄海高程 26.5m。

某建筑工程有限公司通过竞标获得该项目的建设权，为了保证工程的质量，业主方委托某甲级测绘单位对该项目进行第三方检测。

检测工作内容包括平面控制网建立、建筑物施工放样测量、工程高程控制测量、建筑物垂直度控制（内控制）、建筑物主体工程沉降监测、建筑物主体工程日周期摆动。

案例问题：

1. 简述建筑物高层控制测量的规定。
2. 建筑物施工放样应具备哪些资料？
3. 超高层建筑物垂直度控制形式主要是内控制，简述内控制实施步骤。

案例分析 5　施 工 测 量

案例资料：
××市根据城市建设规划，计划在离市区 8km 的××镇建一工业园区。需先修建一条 4 车道、设计时速为 80km 的公路连接两地。
××测绘单位通过竞标获得该公路工程测绘项目，该测绘项目包括从勘测设计到施工建设阶段的所有测绘工作。

案例问题：
1. 简述该线路工程测量的工作内容。
2. 简述线路定测的内容和方法。
3. 简述线路平曲线及其测设方法。

模拟试卷 1

(满分 100 分)

阅卷人		题号	一	二	三	四	总分
核分人		得分					

一、填空题(每题 2 分,共 20 分)

1. 测量工作的基准线是_____。
2. 野外测量工作的基准面是_____。
3. 直线定向常用的标准方向有真子午线方向、磁子午线方向和_____。
4. 水准路线按布设形式可以分为_____水准路线、_____水准路线和支水准路线。
5. 测量误差按其对测量结果的影响性质,可分为系统误差和_____。
6. 地形图图式中的符号有三类:_____符号、_____符号和注记符号。
7. 象限角的取值范围是:_____。
8. 经纬仪安置通常包括_____和_____。
9. 测量误差的主要来源包括外界条件、观测者自身条件和_____。
10. 在地形图中,同一条等高线上的各点高程_____。

二、选择题(每题 2 分,共 30 分)

1. 经纬仪测量水平角时,正倒镜瞄准同一方向所读的水平方向值理论上应相差( )。
   A. 180°　　　B. 0°　　　C. 90°　　　D. 270°
2. 1:5000 地形图的比例尺精度是( )。
   A. 5m　　　B. 0.1mm　　　C. 5cm　　　D. 50cm
3. 以下不属于基本测量工作范畴的一项是( )。
   A. 高差测量　　B. 距离测量　　C. 导线测量　　D. 角度测量
4. 已知某直线的坐标方位角为 220°,则其象限角为( )。
   A. 220°　　　B. 40°　　　C. 南西 50°　　　D. 南西 40°
5. 对某一量进行观测后得到一组观测值,则该量的最或是值为这组观测值的( )。
   A. 最大值　　B. 最小值　　C. 算术平均值　　D. 中间值
6. 闭合水准路线高差闭合差的理论值为( )。
   A. 总为 0　　　　　　　　B. 与路线形状有关

C.为一不等于0的常数　　　　　　　D.由路线中任两点确定
7. 点的地理坐标中,平面位置是用( )表达的。
　　A.直角坐标　　　B.经纬度　　　C.距离和方位角　　　D.高程
8. 危险圆出现在( )中。
　　A.后方交会　　　　　　　　　　　B.前方交会
　　C.侧方交会　　　　　　　　　　　D.任何一种交会定点
9. 以下哪一项是导线测量中必须进行的外业工作。( )
　　A.测水平角　　　B.测高差　　　C.测气压　　　D.测垂直角
10. 绝对高程是地面点到( )的铅垂距离。
　　A.坐标原点　　　B.大地水准面　　　C.任意水准面　　　D.赤道面
11. 下列关于等高线的叙述错误的是( )
　　A.所有高程相等的点在同一等高线上
　　B.等高线必定是闭合曲线,即使本幅图没闭合,则在相邻的图幅闭合
　　C.等高线不能分叉、相交或合并
　　D.等高线经过山脊与山脊线正交
12. 下面关于控制网的叙述错误的是( )
　　A.国家控制网从高级到低级布设
　　B.国家控制网按精度可分为 A、B、C、D、E 五级
　　C.国家控制网分为平面控制网和高程控制网
　　D.直接为测图目的建立的控制网,称为图根控制网
13. 下面关于高斯投影的说法正确的是( )。
　　A.中央子午线投影为直线,且投影的长度无变形
　　B.离中央子午线越远,投影变形越小
　　C.经纬线投影后长度无变形
　　D.高斯投影为等面积投影
14. 根据两点坐标计算边长和坐标方位角的计算称为( )。
　　A.坐标正算　　　　　　　　　　　B.导线计算
　　C.前方交会　　　　　　　　　　　D.坐标反算
15. 根据工程设计图纸上待建的建筑物相关参数将其在实地标定出来的工作是( )。
　　A.导线测量　　　　　　　　　　　B.测设
　　C.图根控制测量　　　　　　　　　D.采区测量

三、简答题(每题10分,共20分)

1. 测量工作应遵循哪些原则?
2. 等高线具有哪些主要特点?

四、计算题(每题15分,共30分)

1. 根据图所水准路线中的数据,计算 P、Q 点的高程。

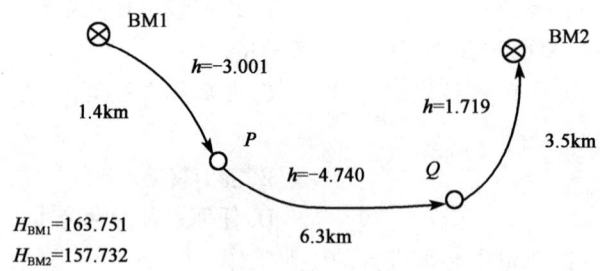

2. 从图上量得点 M 的坐标 $X_M = 14.22\text{m}, Y_M = 86.71\text{m}$；点 A 的坐标为 $X_A = 42.34\text{m}, Y_A = 85.00\text{m}$。试计算 M、A 两点的水平距离和坐标方位角。

3. 已知某点 A 的高斯平面直角坐标为：$x = 2541809.16\text{m}, y = 19286132.73\text{m}$，问该点位于高斯 6° 投影带的第几带？该带中央子午线的经度是多少？该点位于中央子午线的东侧还是西侧？

模 拟 试 卷 2

(满分100分)

阅卷人		题号	一	二	三	四	总分
核分人		得分					

一、填空题(每题2分,共20分)

1. 测量学的内容包括_____和_____两部分。
2. 水准仪粗平时,调节脚螺旋遵循_____手拇指原则。
3. 水准测量中测站检核通常采用_____法和_____法。
4. 测量的基本工作为测_____、测_____和测_____。
5. 地物符号一般分为_____符号、_____符号、_____符号和注记符号。
6. 控制测量包括_____控制测量和_____控制测量。
7. 方位角的取值范围是:_____。
8. 根据《铁路工程测量规范》规定,圆曲线中桩里程宜为_____米的整数倍。
9. 在全站仪距离测量模式下,HD 表示_____。
10. 隧道洞内平面控制测量通常采用中线形式和_____形式。

二、选择题(每题2分,共30分)

1. 大地水准面是通过( )的水准面。
   A. 赤道　　　　B. 地球椭球面　　　C. 平均海水面　　　D. 中央子午线
2. 一段324m长的距离在1∶2000地形图上的长度为( )。
   A. 1.62cm　　　B. 3.24cm　　　　C. 6.48cm　　　　D. 16.2cm
3. 一井定向主要用于( )工作中。
   A. 矿井平面联系测量　　　　　　B. 矿井高程联系测量
   C. 控制测量　　　　　　　　　　D. 碎部测量
4. 已知某直线的象限角南西40°,则其方位角为( )。
   A. 140°　　　　B. 220°　　　　　C. 40°　　　　　D. 320°
5. 导线计算中所使用的距离应该是( )。
   A. 任意距离均可　　　　　　　　B. 倾斜距离
   C. 水平距离　　　　　　　　　　D. 大地水准面上的距离
6. 相邻两条等高线之间的高差称为( )

A. 等高距　　　　B. 等高线平距　　　C. 计曲线　　　　D. 水平距离

7. 以下测量中不需要进行对中操作是( )。

A. 水平角测量　　B. 水准测量　　　　C. 垂直角测量　　D. 三角高程测量

8. 水准尺竖立不直误差属于( )。

A. 中误差　　　　B. 系统误差　　　　C. 偶然误差　　　D. 相对误差

9. 下面测量读数的做法正确的是( )

A. 用经纬仪测水平角,用横丝照准目标读数

B. 用水准仪测高差,用竖丝切准水准尺读数

C. 水准测量时,每次读数前都要使水准管气泡居中

D. 经纬仪测竖直角时,尽量照准目标的底部

10. 下面关于高斯投影的说法正确的是( )。

A. 中央子午线投影为直线,且投影的长度无变形

B. 离中央子午线越远,投影变形越小

C. 经纬线投影后长度无变形

D. 高斯投影为等面积投影

11. 用水准仪进行水准测量时,要求尽量使前后视距相等,是为了( )。

A. 消除或减弱水准管轴不垂直于仪器旋转轴误差影响

B. 消除或减弱仪器升沉误差的影响

C. 消除或减弱标尺分划误差的影响

D. 消除或减弱仪器水准管轴不平行于视准轴的误差影响

12. 经纬仪对中和整平操作的关系是( )。

A. 互相影响,应反复进行

B. 先对中,后整平,不能反复进行

C. 相互独立进行,没有影响

D. 先整平,后对中,不能反复进行

13. 地面两点 A、B 的坐标分别为 $A(1256.234, 362.473)$,$B(1246.124, 352.233)$,则 A、B 间的水平距离为( )m。

A. 14.390　　　　B. 207.070　　　　C. 103.535　　　　D. 4.511

14. 按基本等高距描绘的等高线称为( )。

A. 首曲线　　　　B. 计曲线　　　　C. 间曲线　　　　D. 助曲线

15. 轴线长度大于500m的桥梁称为( )。

A. 小型桥　　　　B. 中型桥　　　　C. 大型桥　　　　D. 特大桥

三、简答题(每题10分,共20分)

1. 简述测回法测量水平角时一个测站上的工作步骤和角度计算方法。

2. 什么叫比例尺精度？它在实际测量工作中有何意义？

四、计算题(每题15分,共30分)

1. 在1:2000图幅坐标方格网上,量测出 $ab=2.0\text{cm}, ac=1.6\text{cm}, ad=3.9\text{cm}, ae=5.2\text{cm}$。试计算 AB 长度 D_{AB} 及其坐标方位角 α_{AB}。

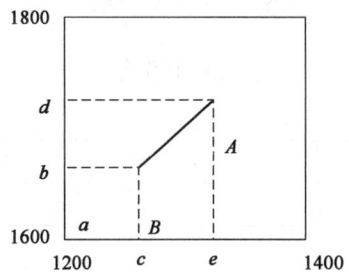

2. 对某角度进行了6个测回,测量角值分别为42°20′26″、42°20′30″、42°20′28″、42°20′24″、42°20′23″、42°20′25″,试计算:
(1)该角的算术平均值;
(2)观测值的中误差;
(3)算术平均值的中误差。

模拟试卷 3

（满分 100 分）

阅卷人	题号	一	二	三	四	总分
核分人	得分					

一、选择题（每题 2 分，共 20 分）

1. 测量工作主要包括测角、测距和测（　　）。
   A. 高差　　　　B. 方位角　　　　C. 等高线　　　　D. 高程

2. 1∶2000 地形图的比例尺精度是（　　）。
   A. 2m　　　　B. 0.2m　　　　C. 2cm　　　　D. 0.1mm

3. 以下不属于基本测量工作范畴的一项是（　　）。
   A. 高差测量　　　　B. 距离测量　　　　C. 导线测量　　　　D. 角度测量

4. 已知某直线的象限角为北西 30°，则其坐标方位角为（　　）。
   A. 30°　　　　B. 330°　　　　C. 150°　　　　D. 210°

5. 边长测量往返测差值的绝对值与边长平均值的比值称为（　　）。
   A. 系统误差　　　　B. 平均中误差　　　　C. 偶然误差　　　　D. 相对误差

6. 水准路线高差闭合差的分配原则是（　　）。
   A. 反号按距离成比例分配　　　　B. 平均分配
   C. 随意分配　　　　D. 同号按距离成比例分配

7. 通常所说的海拔高指的是点的（　　）。
   A. 相对高程　　　　B. 高差　　　　C. 高度　　　　D. 绝对高程

8. 在两个已知点上设站观测未知点的交会方法是（　　）。
   A. 前方交会　　　　B. 后方交会　　　　C. 侧方交会　　　　D. 无法确定

9. 对三角形三个内角等精度观测，已知测角中误差为 10″，则三角形闭合差的中误差为（　　）。
   A. 10″　　　　B. 30″　　　　C. 17.3″　　　　D. 5.78″

10. 已知线段 AB 的方位角为 160°，则线段 BA 的方位角为（　　）。
    A. -120°　　　　B. 340°　　　　C. 160°　　　　D. 20°

11. 下面关于中央子午线的说法正确的是（　　）
    A. 中央子午线又叫起始子午线
    B. 中央子午线位于高斯投影带的最边缘

C. 中央子午线通过英国格林尼治天文台
D. 中央子午线经高斯投影无长度变形

12. 某段距离丈量的平均值为100m，其往返较差为+4mm，其相对误差为( )。
A. 1/25000　　　B. 1/25　　　C. 1/2500　　　D. 1/250

13. 下面关于铅垂线的叙述正确的是( )。
A. 铅垂线总是垂直于大地水准面
B. 铅垂线总是指向地球中心
C. 铅垂线总是互相平行
D. 铅垂线就是椭球的法线

14. 用水准测量法测定A、B两点的高差，从A到B共设了两个测站，第一测站后尺中丝读数为1234，前尺中丝读数1470，第二测站后尺中丝读数1430，前尺中丝读数0728，则高差h_{AB}为( )m。
A. −0.93　　　B. −0.466　　　C. 0.466　　　D. 0.938

15. 采用水准测量时，为了消除i角误差对一测站高差值的影响，可将水准仪置在( )处。
A. 靠近前尺　　　B. 两尺中间　　　C. 靠近后尺　　　D. 无所谓

二、判断题（每题2分，共20分）

1. 高斯投影中的6度带中央子午线一定是3度带中央子午线，而3度带中央子午线不一定是6度带中央子午线。（ ）
2. 地形图的比例尺一般有数字比例尺和图示比例尺。（ ）
3. 水准仪的原理是借助水准仪提供的水平视线，首先配合水准尺测定地面上两点间的高差，然后根据已知点的高程来推算出未知点的高程。（ ）
4. 国家高程控制网分一、二、三等三个等级。（ ）
5. 象限角的取值范围为0°~±90°。（ ）
6. 全站仪是将电子经纬仪、光电测距仪和微处理器相结合，使电子经纬仪和光电测距仪两种仪器的功能集于一身的新型测量仪器。（ ）
7. TX灯是接收信号指示灯。（ ）
8. 非特殊地貌等高线不能相交或重叠。（ ）
9. 施工测量的精度取决于工程的性质、规模、材料、施工方法等因素。（ ）
10. 路基中桩高程按复测方法进行，路基高程与设计高程之差不应超过±5mm。（ ）

三、简答题（每题10分，共20分）

1. 简述用极坐标法在实地测设图纸上某点平面位置的要素计算和测设过程。
2. 高斯投影具有哪些基本规律？

四、计算题（每题15分，共30分）

1. 今用钢尺丈量得两段距离：$S_1 = 120.63\text{m} \pm 6.1\text{cm}$，$S_2 = 114.49\text{m} \pm 7.3\text{cm}$，试求距离$S_3 =$

$S_1 + S_2$ 和 $S_4 = S_1 - S_2$ 的中误差和它们的相对中误差。

2. 如图所示,已知 AB 边的方位角为 $130°20'$,BC 边的长度为 82m,$\angle ABC = 120°10'$,$X_B = 460\text{m}$,$Y_B = 320\text{m}$,计算分别计算 BC 边的方位角和 C 点的坐标。

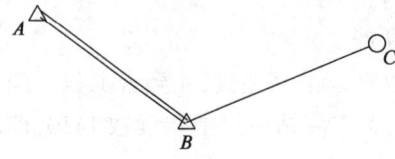

模 拟 试 卷 4

(满分 100 分)

阅卷人		题号	一	二	三	四	总分
核分人		得分					

一、填空题(每题 2 分,共 20 分)

1. 圆曲线的主点有_____、_____、_____。
2. 用切线支距法测设圆曲线一般是以_____为坐标原点,以_____为 x 轴,以_____为 y 轴。
3. 已知后视 A 点高程为 H_A,A 尺读数为 a,前视点 B 尺读数为 b,其视线高为_____,B 点高程等于_____。
4. 已知 A 点高程 $H_A = 42.230\text{m}$,水准仪观测 A 点标尺的读数 $a = 1.243\text{m}$,则仪器视线高为_____ m。
5. 若知道某地形图上线段 AB 的长度是 3.5cm,而该长度代表实地水平距离为 17.5m,则该地形图的比例尺为_____,比例尺精度为_____。
6. 设 A、B 两点的纵坐标分别为 500m、600m,则纵坐标增量 $\Delta x_{BA} =$ _____。
7. 在进行水准测量时,对地面上 A、B、C 点的水准尺读取读数,其值分别为 1.325m, 1.005m, 1.555m,则高差 $h_{BA} =$ _____,$h_{BC} =$ _____,$h_{CA} =$ _____。
8. 比例尺的精度是 0.05 的地形图的比例尺是_____。
9. 根据水平角和水平距离测设点平面位置的方法是_____。
10. 隧道洞外控制测量包括_____和_____两部分。

二、单选题(每题 2 分,共 20 分)

1. 采用偏角法测设圆曲线时,其偏角应等于相应弧长所对圆心角的( )。
   A. 2 倍　　　　B. 1/2　　　　C. 2/3　　　　D. 1/4
2. 路线中平测量是测定路线( )的高程。
   A. 水准点　　　B. 转点　　　C. 各中桩
3. 两不同高程的点,其坡度应为两点( )之比,再乘以 100%。
   A. 高差与其平距　　　　B. 高差与其斜距
   C. 平距与其斜距　　　　D. 平距与其高差
4. 在全圆测回法中,同一测回不同方向之间的 2C 值为 $-18''$、$+2''$、0、$+10''$,其 2C 互差应为( )。

  A. 28″   B. −18″   C. 1.5″

5. 仪器的竖盘按顺时针方向注记,当视线水平时,盘左竖盘读数为90°。用该仪器观测一高处目标,盘左读数为75°10′24″,则此目标的竖角为( )。

  A. 57°10′24″   B. −14°49′36″   C. 14°49′36″   D. 75°10′24″

6. 产生视差的原因是( )。

  A. 仪器校正不完善   B. 物像与十字丝面未重合

  C. 十字丝分划板位置不正确   D. 眼睛近视

7. 视距测量视线倾斜时,高差的计算公式为( )。

  A. $h = kl\sin\alpha + i - v$ B. $h = kl\cos\alpha + i - v$

  C. $h = 0.5kl\sin(2\alpha) + i - v$ D. $h = 0.5kl\cos(2\alpha) + i - v$

8. 相邻两条等高线间的水平距离称为( )。

  A. 等高线平距   B. 等高距   C. 基本等高距   D. 示坡线

9. 静止的海水面向陆地延伸,形成一个封闭的曲面,称为( )。

  A. 水准面   B. 水平面   C. 铅垂面   D. 圆曲面

10. 在距离丈量中衡量精度的方法是用( )。

  A. 往返较差   B. 相对误差   C. 闭合差   D. 绝对误差

三、多选题(每题3分,共30分)

1. 在 A、B 两点之间进行水准测量,得到满足精度要求的往、返测高差为 $h_{AB} = +0.005$m, $h_{BA} = -0.009$m。已知 A 点高程 $H_A = 417.462$m,则( )。

  A. B 的高程为 417.460m   B. B 点的高程为 417.469m

  C. 往、返测高差闭合差为 +0.014m   D. B 点的高程为 417.467m

  E. 往、返测高差闭合差为 −0.004m

2. 在水准测量时,若水准尺倾斜时,其读数值( )。

  A. 当水准尺向前或向后倾斜时增大

  B. 当水准尺向左或向右倾斜时减少

  C. 总是增大

  D. 总是减少

  E. 不论水准尺怎样倾斜,其读数值都是错误的

3. 设 A 点为后视点,B 点为前视点,后视读数 $a = 1.24$m,前视读数 $b = 1.428$m,则( )。

  A. $h_{AB} = -0.304$m

  B. 后视点比前视点高

  C. 若 A 点高程 $H_A = 202.016$m,则视线高程为 203.140m

  D. 若 A 点高程 $H_A = 202.016$m,则前视点高程为 202.320m

  E. 后视点比前视点低

4. 地面上某点,在高斯平面直角坐标系(六度带)的坐标为:$x = 3430152$m,$y = 20637680$m,则该点位于( )投影带,中央子午线经度是( )。

A. 第 3 带　　　　B. 116°　　　　　C. 第 34 带　　　　D. 第 20 带
E. 117°

5. 闭合导线的角度闭合差与(　　)。
   A. 导线的几何图形无关　　　　　　B. 导线的几何图形有关
   C. 导线各内角和的大小有关　　　　D. 导线各内角和的大小无关
   E. 导线的起始边方位角有关

6. 方向观测法观测水平角的测站限差有(　　)。
   A. 归零差　　　　B. 2C 误差　　　C. 测回差　　　　D. 竖盘指标差
   E. 阳光照射的误差

7. 高差闭合差调整的原则是按(　　)成比例分配。
   A. 高差大小　　　B. 测站数　　　C. 水准路线长度　　D. 水准点间的距离
   E. 往返测站数总和

8. 大比例尺地形图是指(　　)的地形图。
   A. 1∶500　　　　B. 1∶5000　　　C. 1∶2000　　　　D. 1∶10000
   E. 1∶100000

9. 圆曲线带有缓和曲线段的曲线主点是(　　)。
   A. 直缓点(ZH 点)　　　　　　　　B. 直圆点(ZY 点)
   C. 缓圆点(HY 点)　　　　　　　　D. 圆直点(YZ 点)
   E. 曲中点(QZ 点)

10. 比例尺精度是指地形图上 0.1mm 所代表的地面上的实地距离,则(　　)。
    A. 1∶500 比例尺精度为 0.05m
    B. 1∶2000 比例吃精度为 0.20m
    C. 1∶5000 比例尺精度为 0.50m
    D. 1∶1000 比例尺精度为 0.10m
    E. 1∶2500 比例尺精度为 0.25m

四、计算题(每题 15 分,共 30 分)

1. 在 B 点上安置经纬仪观测 A 和 C 两个方向,盘左位置先照准 A 点,后照准 C 点,水平度盘的读数为 6°23′30″和 95°48′00″;盘右位置照准 C 点,后照准 A 点,水平度盘读数分别为 275°48′18″和 186°23′18″,试记录在测回法测角记录表中,并计算该测回角值是多少?

测回法测角记录表

测站	盘位	目标	水平度盘读数 (°′″)	半测回角值 (°′″)	一测回角值 (°′″)	备注

2. 按照图示的中平测量记录表中桩点的高程。

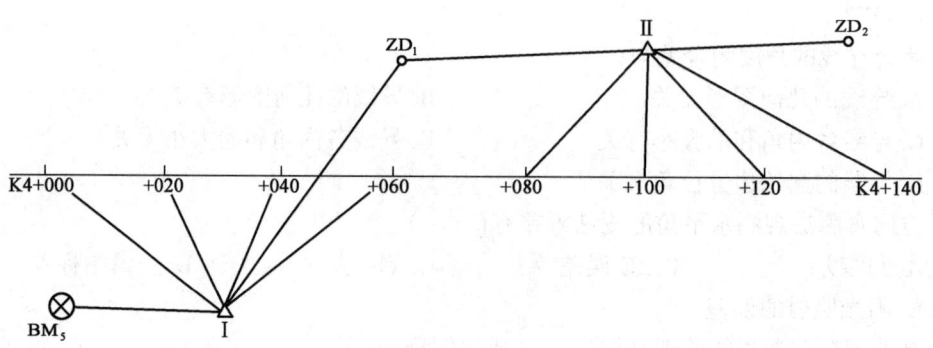

测量记录表

立尺点	水准尺读数			视线高(m)	高程(m)
	后视	中视	前视		
BM_5	2.047				101.293
K4+000		1.82			
+020		1.67			
+040		1.91			
+060		1.56			
ZD_1	1.734		1.012		
+080		1.43			
+010		1.77			
+120		1.59			
K4+140		1.78			
ZD_2			1.650		

模 拟 试 卷 5

(满分100分)

阅卷人		题号	一	二	三	四	总分
核分人		得分					

一、单项选择题(每题2分,共30分)

1. 以中央予午线投影为纵轴,赤道投影为横轴建立的坐标系是( )。
   A. 大地坐标系 　　　　　　　B. 高斯平面直角坐标系
   C. 地心坐标系 　　　　　　　D. 平面直角坐标系

2. 某点的经度为东经123°30′,该点位于高斯平面投影6度带的第( )带号。
   A. 19 　　　B. 20 　　　C. 21 　　　D. 22

3. 在山区丈量 AB 两点间的距离,往、返值分别为286.58m 和286.44m,则该距离的相对误差为( )。
   A. 1/2047 　　B. 1/2046 　　C. 1/2045 　　D. 1/2044

4. 若地形图比例尺为1:1000,等高距为1m,要求从 A 点至 B 点选择一条坡度不超过5%的路线,则相邻等高线间的最小平距应为多少?图上距离是多少? ( )
   A. 20m,1cm 　　B. 10m,1cm 　　C. 10m,2cm 　　D. 20m,2cm

5. 加粗等高线是指( )。
   A. 首曲线 　　B. 间曲线 　　C. 计曲线 　　D. 肋曲线

6. 在水准测量中,转点所起的作用是( )。
   A. 传递高程 　　　　　　　　B. 传递距离
   C. 传递高差 　　　　　　　　D. 传递高程和传递高差

7. 线路水准测量中,基平测量和中平测量各采用( )方法。
   A. 高差法、视线高法 　　　　B. 高差法、高差法
   C. 视线高法、高差法 　　　　D. 视线高法、视线高法

8. 在水准测量中,对于同一测站,当后尺读数大于前尺读数时说明后尺点( )。
   A. 高于前尺点 　　B. 低于前尺点 　　C. 高于测站点 　　D. 等于前尺点

9. DS_3 是用来代表光学水准仪的,其中3是指( )
   A. 我国第三种类型的水准仪 　　　B. 水准仪的型号
   C. 每公里往返测平均高差的中误差 　D. 厂家的代码

10. 用经纬仪进行视距测量,已知 $K=100$,视距间隔为 0.25,竖直角为 $+2°45'$,则水平距离的值为(   )。
   A. 24.77m   B. 24.94m   C. 25.00m   D. 25.06m

11. 对某一段距离丈量了 3 次,其值分别为:29.8535m、29.8545m、29.8540m,且该段距离起始之间的高差为 -0.152m,则该段距离的值和高差改正值分别为(   )。
   A. 29.8540m;-0.4mm   B. 29.8540m;$+0.4$mm
   C. 29.8536m;-0.4mm   D. 29.8536m;$+0.4$mm

12. 对一距离进行往、返丈量,其值分别为 72.365m 和 72.353m,则其相对误差为(   )。
   A. 1/6030   B. 1/6029   C. 1/6028   D. 1/6027

13. 若已知两点的坐标分别为:$A(412.09,594.83)$m,$B(371.81,525.50)$m,则 A 到 B 的坐标方位角为(   )。
   A. 59°50'38″   B. 239°50'38″   C. 149°50'38″   D. 329°50'38″

14. 坝体与地面的交线称为(   )。
   A. 建筑基线   B. 腰线   C. 坝脚线   D. 清基开挖线

15. 在桥梁施工中,由于墩台基础或顶部与桥边水准点的高差较大,所以在用水准测量来传递高程时除常用三角高程测量外,还常用(   )方法传递高程。
   A. 加长水准尺   B. 架高水准仪   C. 垂吊钢尺   D. 都不是

二、多项选择题(每题 3 分,共 30 分)

1. 下列关于独立平面直角坐标系的叙述正确的有(   )。
   A. 独立平面直角坐标系建立在切平面上
   B. 独立平面直角坐标系规定以 O 为地心,南北方向为纵轴,记为 x 轴,x 轴向北为正,向南为负
   C. 独立平面直角坐标系的象限按逆时针排列编号
   D. 独立平面直角坐标系以东西方向为横轴,记为 y 轴,y 轴向东为正,向西为负
   E. 独立平面直角坐标系的规定与数学上平面直角坐标系的规定相同

2. 测设的基本工作包括(   )。
   A. 测设水平角   B. 测设水平距离   C. 测设方位角   D. 测设高程
   E. 测设磁方位角

3. 偶然误差的特性包括(   )。
   A. 误差的大小不超过一定的界限
   B. 小误差出现的机会比大误差多
   C. 互为反数的误差出现机会相同
   D. 误差的平均值随观测值个数的增多而趋近于零
   E. 大误差一般不会出现

4. 消减偶然误差的方法主要有(   )。
   A. 提高仪器等级   B. 进行多余观测
   C. 求平差值   D. 检校仪器

E. 求改正数

5. 根据《民用建筑设计通则》规定，下列关于以主体结构确定的建筑耐久年限的叙述正确的有（　　）。
　　A. 一级建筑适用于临时性建筑
　　B. 二级建筑的耐久年限为 20～50 年
　　C. 三级建筑的耐久年限为 50～100 年
　　D. 三级建筑适用于次要的建筑
　　E. 四级建筑适用于纪念性建筑和特别重要的建筑

6. 下列关于象限角的叙述正确的有（　　）。
　　A. 直线的象限角是由标准方向的北端或南端起，顺时针或逆时针方向量算到直线的锐角
　　B. 直线的象限角通常用 R 表示
　　C. 直线的象限角的角值为 0°～180°。
　　D. 第一象限的象限角等于方位角
　　E. 第二象限的象限角等于 180°减方位角

7. 下列关于 GPS 测量叙述正确的有（　　）。
　　A. GPS 系统由空间站、地面站和用户三部分组成
　　B. GPS 观测站之间无需通视就可测量
　　C. GPS 定位的基本原理是空间后方交会
　　D. C 级的 GPS 主要用于局部变形监测和各种精密工程测量
　　E. 基准站附近不要有干扰源，也不要有大面积水域

8. 导线控制测量的观测值包括（　　）。
　　A. 水平角观测值　　B. 高差观测值　　C. 边长观测值　　D. 竖直角观测值
　　E. 磁方位角观测值

9. 在下列方法中哪些是点的平面位置测设方法（　　）。
　　A. 经纬仪测设法　　　　　　　　B. 极坐标法
　　C. 直角坐标法　　　　　　　　　D. 水准仪测设法
　　E. 角度、距离交会法

10. 极坐标法施工放样需要计算的放样数据有（　　）。
　　A. 坐标　　　　B. 极角　　　　C. 极距　　　　D. 高程
　　E. 投影

三、判断题（每题 1 分，共 10 分）

1. 大地水准面是由静止海水面并向大陆延伸所形成的不规则的封闭曲面。　　　（　　）
2. 比例尺的大小视分数值的大小而定，分数值越小，比例尺越大。　　　　　　（　　）
3. 建筑施工中的水准测量和高程测量称为抄平。　　　　　　　　　　　　　　（　　）
4. 水平角的测量方法主要的测回法和方向观测法。　　　　　　　　　　　　　（　　）
5. 光电测距仪中的仪器加常数是偶然误差。　　　　　　　　　　　　　　　　（　　）

6. 绝对定位原理是用一台接收机,将捕获到的卫星信号和导航电文加以解算,求得接收机天线相对于 WGS-84 坐标系原点绝对坐标的一种定位方法。( )

7. 当采用 GPS 定位技术建立平面控制网时,因为不要求相邻控制点间通视,因此,选定控制点后不需要建立测量标。( )

8. 地形测量中,水准仪的安置包括对中、整平。( )

9. 极坐标法适用于测设点离控制点较近且便于量距的情况。( )

10. 我国建筑设计部门,在参考国际上的提法后,提出了研究高层建筑物倾斜时,把允许倾斜值的 1/20 作为观测精度指标。( )

四、分析计算题(每题 10 分,共 20 分)

1. 已知 $\alpha_{AB}=89°12'01''$, $x_B=3065.347\text{m}$, $y_B=2135.265\text{m}$, 坐标推算路线为 $B\to1\to2$,测得坐标推算路线的右角分别为 $\beta_B=32°30'12''$, $\beta_1=261°06'16''$,水平距离分别为 $D_{B1}=123.704\text{m}$, $D_{12}=98.506\text{m}$。试计算 L_2 点的平面坐标。

2. 如图所示,由 4 个水准点组成闭合水准路线,已知 BM_A 高程为 $H_A=57.680\text{m}$,每两点间水平距离和高差观测值见表,并计算完表中空格。

测点	距离(km)	实测高差(m)	改正数(mm)	改正后值(m)	高程	备注
BM_A	1.15	+1.990			1528.400	
1	0.70	-1.729				
2	1.05	-1.896				
3	1.10	+1.665				
BM_A					1528.400	
Σ						

六、论述题(10 分)

论述闭合导线计算的主要过程和每一过程中的具体方法。

模拟试卷 6

(满分100分)

阅卷人		题号	一	二	三	四	总分
核分人		得分					

一、填空题(每题2分,共30分)

1. 测量工作的实质是确定地面点的_____。
2. 大地水准面处处与铅垂线相_____。
3. 高程测量的主要方法可分为_____测量、_____测量、GPS高程测量、气压高程测量。
4. 已知A点为后视点,后视读数为1.371m,B点为前视点,前视读数为1.512m,AB两点的高差为_____m,A点比B点_____。
5. 水平角的取值范围_____。
6. 盘左时竖直角计算公式应为_____。
7. 直线定线的方法有_____法和_____法。
8. 一直线的方位角是45°,其象限角是_____。
9. 在测量平面直角坐标系中,纵轴为_____。
10. 测量误差的来源_____、_____、_____。

二、选择题(每题2分,共30分)

1. 四等水准测量两次仪器高法观测两点高差,两次高差之差应不超过( )。
   A. 2mm B. 3mm C. 5mm D. 10mm
2. 支水准路线成果校核的方法是( )。
   A. 往返测法 B. 闭合测法 C. 附合测法 D. 单程法
3. 从一个已知水准点出发,沿途经过各待测点,最后附合到另外一个已知的水准点上,这样的水准路线是( )。
   A. 附合水准路线   B. 闭合水准路线
   C. 支水准路线   D. 支导线
4. 在水准测量过程中,读数时应注意( )。
   A. 从下往上读
   B. 从上往下读

C. 水准仪正像时从小数往大数读,倒像时从大数往小数读

D. 无论水准仪是正像还是倒像,读数总是由注记小的一端向注记大的一端读

5. 第Ⅱ象限直线,象限角 R 与方位角 α 的关系为( )。
   A. $R = 180° - \alpha$ B. $R = \alpha$ C. $R = \alpha - 180°$ D. $R = 360° - \alpha$

6. 距离测量的基本单位是( )。
   A. 米   B. 分米   C. 厘米   D. 毫米

7. 真误差为( )与真值之差。
   A. 改正数   B. 算术平均数   C. 中误差   D. 观测值

8. 不属于偶然误差的是( )。
   A. 对中误差   B. 读数误差   C. 尺长误差   D. 照准误差

9. 下列关于地形图的地貌,说法错误的是( )。
   A. 地貌是地表面高低起伏的形态
   B. 地貌可以用等高线和必要的高程注记表示
   C. 地貌有人为的也有天然的
   D. 平面图上也要表示地貌

10. 闭合导线角度闭合差指的是( )。
    A. 多边形内角观测值之和与理论值之差
    B. 多边形内角和理论值与观测值和之差
    C. 多边形内角观测值与理论值之差
    D. 多边形内角理论值与观测值之差

11. 导线测量的左、右角之和为( )度。
    A. 180   B. 90   C. 0   D. 360

12. 全站仪测量地面点高程的原理是( )。
    A. 水准测量原理   B. 导线测量原理
    C. 三角测量原理   D. 三角高程测量原理

13. 两点间的倾斜距离为 S,倾斜角为 α,则两点间水平距离为( )。
    A. $S \times \sin\alpha$ B. $S \times \cos\alpha$ C. $S \times \tan\alpha$ D. $S \times \cot\alpha$

14. 全站仪分为基本测量功能和程序测量功能,下列属于基本测量功能的是( )。
    A. 坐标测量   B. 距离测量
    C. 角度测量和距离测量   D. 面积测量

15. 全站仪的圆水准器轴和管水准器轴的关系是( )。
    A. 相互平行   B. 相互垂直   C. 相交   D. 位于同一水平线上

三、简答题(每题5分,共10分)

1. 测量坐标系和数学坐标系的区别有哪些?
2. 什么是竖盘指标差?消除的方法有哪些?

四、计算题(30分)

某曲线设计选配的圆曲线半径 $R=300\text{m}$,缓和曲线长 $l_0=40\text{m}$,实测转向角 $\alpha_右=35°20'00''$,JD 里程为 DK10+576.68,请完成下面计算:

(1)计算曲线常数;(6分)

(2)计算曲线要素;(4分)

(3)计算曲线主点里程;(5分)

(4)计算曲线 ZH 点至 QZ 点的切线支距法详细测设数据(采用整桩号法,缓和曲线每 10m 一个桩,圆曲线每 20m 一个桩)。(15分)

模 拟 试 卷 7

(满分100分)

阅卷人	题号	一	二	三	四	总分
核分人	得分					

一、填空题(每题2分,共30分)

1. 两点间绝对高程或相对高程之差称为_____。
2. 水准测量的测站校核,一般用_____法或_____法。
3. 四等水准测量中,前后视距差的限差是_____ m。
4. 全站仪的安置主要包括_____与_____两项工作。
5. 水平角的观测常用的方法有_____法和_____法。
6. 地面上两点间的连线,在水平面上的投影长度称为_____距离。
7. 一直线的象限角是南西60°30′,其方位角为_____。
8. 施工放样的基本工作包括测设_____、_____、_____。
9. 我国的大地水准面是以_____的平均海水面作为基准来布设国家高程控制点的。
10. 定测阶段的水准点高程测量称为_____。

二、选择题(每题2分,共30分)

1. 《工程测量规范》规定,三等水准测量测站的前后视距差应不大于(　　)。
   A. 5m   B. 3m
   C. 1m   D. 10m
2. 在水准测量中设 A 为后视点,B 为前视点,测得后视中丝读数为1.124m,前视中丝读数为1.428m,则 B 点比 A 点(　　)。
   A. 高   B. 低
   C. 等高   D. 无法确定
3. 第Ⅲ象限直线,象限角 R 与方位角 α 的关系为(　　)。
   A. $R = 180° - \alpha$ B. $R = \alpha$
   C. $R = \alpha - 180°$ D. $R = 360° - \alpha$
4. 用钢尺丈量某段距离,往测为112.314m,返测为112.329m,则相对误差为(　　)。
   A. 1/3286   B. 1/7488

C. 1/5268　　　　　　　　　　D. 1/7288

5. 当钢尺的实际长度大于名义长度时,其丈量的值比实际值要( )。
   A. 大　　　　B. 小　　　　C. 相等　　　　D. 不定

6. 钢尺的尺长误差对丈量结果的影响属于( )。
   A. 偶然误差　　B. 系统误差　　C. 粗差　　D. 相对误差

7. 下列选项不属于测量误差因素的是( )。
   A. 测量仪器　　　　　　　B. 观测者的技术水平
   C. 外界环境　　　　　　　D. 测量方法

8. 导线从一已知边和已知点出发,经过若干待定点,到达另一已知点和已知边的导线是( )。
   A. 附合导线　　B. 闭合导线　　C. 支导线　　D. 导线网

9. 衡量导线测量精度标准是( )。
   A. 角度闭合差　　　　　　B. 坐标增量闭合差
   C. 导线全长闭合差　　　　D. 导线全长相对闭合差

10. 采用设置轴线控制桩法引测轴线时,轴线控制桩一般设在开挖边线( )以外的地方,并用水泥砂浆加固。
    A. 1~2m　　B. 1~3m　　C. 3~5m　　D. 5~7m

11. 若某全站仪的标称精度为 $\pm(3+2\times10^{-6}\times D)$ mm,则用此全站仪测量3km长的距离,其中误差的大小为( )。
    A. ±7mm　　　　　　　　B. ±9mm
    C. ±11mm　　　　　　　D. ±13mm

12. 全站仪的主要技术指标有最大测程、测角精度、放大倍率和( )。
    A. 最小测程　　　　　　　B. 自动化和信息化程度
    C. 测距精度　　　　　　　D. 缩小倍率

13. 全站仪显示屏显示"N"代表( )。
    A. X 坐标　　B. Y 坐标　　C. Z 坐标　　D. 距离

14. 全站仪的视线应避免( )。
    A. 横穿马路　　B. 穿越草坪上　　C. 受电磁场干扰　　D. 经过水面

15. 经纬仪基座上有三个脚螺旋,其主要作用是( )。
    A. 连接脚架　　B. 整平仪器　　C. 升降脚架　　D. 调节对中

三、简答题(每题5分,共10分)

1. 水准测量的原理是什么?
2. 什么是直线定向?直线定向的基本方法有哪些?

四、计算题(30分)

1. 下表是四等水准测量外业记录表的一部分,请你根据所学知识填全此表,小数点后保留3位。(18分)

四等水准测量记录(双面尺法)

测站编号	测点编号	后尺	上丝	前尺	上丝	方向及尺号	水准尺读数(m)		K+黑－红（mm）	平均高差（m）
			下丝		下丝		黑面	红面		
		后视距		前视距						
		视距差 d		Σd						
1	BM$_1$ | Z$_1$	0882		1710		后	0695	5485		
		0500		1330		前	1522	6211		
						后—前				

2. 已知 AB 边的坐标方位角为 136°42′00″ 和三角形各内角，求 BC 边和 AC 边的坐标方位角各是多少？（12分）

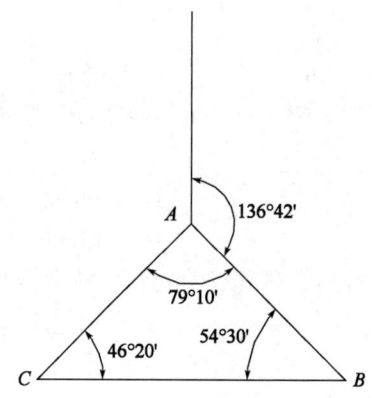

模拟试卷 8

(满分100分)

阅卷人		题号	一	二	三	四	总分
核分人		得分					

一、填空题(每题2分,共30分)

1. 任何静止的水面称为_____。
2. 水准点采用英文字母_____表示。
3. 地面点沿铅垂线方向到大地水准面的距离称为_____。
4. 已知 A 点为后视点,后视读数为1.725m, B 点为前视点,前视读数为1.134m, AB 两点的高差为_____m, B 点比 A 点_____。
5. 角度测量包括_____和_____。
6. 象限角的取值范围是_____。
7. 罗盘仪是测量_____方位角的仪器。
8. 在测量平面直角坐标系中,横轴为_____。
9. 一直线的方位角是150°,其象限角是_____。
10. 等高线分为_____、_____、_____、_____。

二、选择题(每题2分,共30分)

1. 双面水准尺同一位置红、黑面读数之差的理论值为( )mm。
   A. 0　　　　　B. 100　　　　C. 4687或4787　　D. 不确定

2. 使水准仪的圆水准器的气泡居中,应旋转( )。
   A. 微动螺旋　　B. 微倾螺旋　　C. 脚螺旋　　　D. 对光螺旋

3. 当采用多个测回观测水平角时,需要设置各测回间水平度盘的位置,这一操作可以减弱( )的影响。
   A. 对中误差　　　　　　　　B. 照准误差
   C. 水平度盘刻划误差　　　　D. 仪器偏心误差

4. 距离丈量的结果是求得两点间的( )。
   A. 垂直距离　　B. 水平距离　　C. 倾斜距离　　D. 球面距离

5. 已知线段 AB 的水平距离为200m,线段 AB 的方位角为133°10′22″,则线段 AB 的 X 轴方向的坐标增量为( )。
   A. +145.859　　B. −145.859　　C. +136.840　　D. −136.840

6. 测量误差按照其产生的原因和对观测结果影响的不同可以分为偶然误差和( )。
   A. 实际误差　　　B. 相对误差　　　C. 真误差　　　D. 系统误差
7. 测量工作对精度的要求是( )。
   A. 没有误差最好　　　　　　　　B. 越精确越好
   C. 根据需要,精度适当　　　　　D. 仪器能达到什么精度就尽量达到
8. 在新布设的平面控制网中,至少应已知( )才可确定控制网的方向。
   A. 一条边的坐标方位角　　　　　B. 两条边的夹角
   C. 一条边的距离　　　　　　　　D. 一个点的平面坐标
9. 在多层建筑施工中,向上投测轴线可以( )为依据。
   A. 角桩
   B. 中心桩
   C. 龙门桩
   D. 轴线控制桩
10. 导线内业计算时,发现角度闭合差符合要求,而坐标增量闭合差复算后仍然远远超限,则说明( )有误。
    A. 边长测量　　　B. 角度测算　　　C. 连接测量　　　D. 坐标计算
11. 测竖直角时,视线在水平线之上称为( )
    A. 仰角　　　B. 俯角　　　C. 水平角　　　D. 方位角
12. 下列关于全站仪使用时注意事项的叙述,错误的是( )。
    A. 全站仪的物镜不可对着阳光或其他强光源
    B. 全站仪的测线应远离变压器、高压线等
    C. 全站仪应避免测线两侧及镜站后方有反光物体
    D. 一天当中,上午日出后一小时至两小时,下午日落前三小时到半小时为最佳观测时间
13. 全站仪显示屏显示"HR"代表( )。
    A. 盘右水平角读数　　　　　B. 盘左水平角读数
    C. 水平角(右角)　　　　　　D. 水平角(左角)
14. 若全站仪使用南方公司生产的棱镜,其常数设置为( )。
    A. -10mm
    B. -15mm
    C. -20mm
    D. -30mm
15. 目前我国采用的高程基准是( )。
    A. 高斯平面直角坐标系　　　B. 1980年国家大地坐标系
    C. 1985国家高程基准　　　　D. 黄海高程系统

三、简答题(每题5分,共10分)

1. 简述全站仪对中、整平的步骤。
2. 简述方位角与象限角的关系。

四、计算题(30分)

1. 根据下表的记录计算水平角值和平均角值(18分)

测站	测点	盘位	水平度盘读数	水平角值	平均角值
O	A	左	75°30′12″		
	B		120°42′16″		
	B	右	300°42′34″		
	A		255°30′26″		

2. 将下图资料填入记录表内,用高差法计算 Z_3 点的高程。(12分)

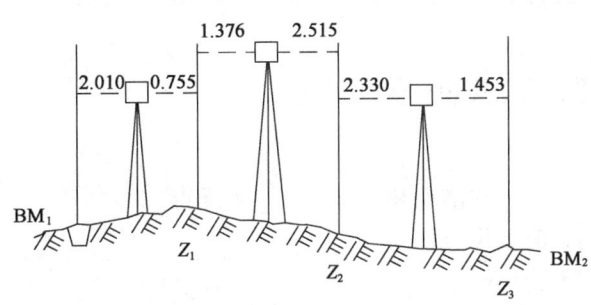

$H_{BM1}=85.625m$

测点	后视	前视	高差 +	高差 −	高程(m)	附注

模拟试卷 9

(满分100分)

阅卷人		题号	一	二	三	四	总分
核分人		得分					

一、填空题(每题2分,共30分)

1. 地球的平均半径为_____。
2. 水准点分成_____水准点和_____水准点。
3. 用于传递高程的临时立尺点称为_____。
4. 竖直角的取值范围为_____。
5. 边桩测设的方法很多,常用的有_____法和_____法。
6. 相邻两等高线高程之差称为_____。
7. 常见的比例尺有_____比例尺和_____比例尺。
8. _____法适用于观测两个方向之间的单个水平角。
9. 直线与基本方向构成的锐角称为直线的_____。
10. 导线的布设形式包括_____导线、_____导线、_____导线。

二、选择题(每题2分,共30分)

1. 水准测量中,水准仪的 i 角对测量结果的影响可用( )方法消减。
   A. 求改正数　　　　　　　　B. 多次观测求平均数
   C. 后前前后　　　　　　　　D. 前后视距相等
2. 如果望远镜的十字丝不清晰,需调节( )。
   A. 目镜对光螺旋　　　　　　B. 物镜调焦螺旋
   C. 微倾螺旋　　　　　　　　D. 脚螺旋
3. 由 A 点向 B 点进行水准测量,测得 AB 两点之间的高差为 $+0.506$m,且 B 点水准尺的中丝读数为2.376m,则 A 点水准尺的中丝读数为( )m。
   A. 1.870　　B. 2.882　　C. 2.880　　D. 1.872
4. 确定直线与( )之间的夹角关系的工作称为直线定向。
   A. 标准方向　B. 东西方向　C. 水平方向　D. 基准线方向
5. 某直线的坐标方位角为121°23′36″,则反坐标方位角为( )。
   A. 238°36′24″　　　　　　　B. 301°23′36″

C. 58°36′24″　　　　　　　　　　D. −58°36′24″

6. 建筑工程施工中,基础的抄平通常都是利用( )完成的。
   A. 水准仪　　　B. 经纬仪　　　C. 钢尺　　　D. 皮数杆

7. 中误差越大,观测精度越( )。
   A. 低　　　B. 高　　　C. 高或者低　　　D. 无关系

8. 五边形闭合导线,其内角和理论值应为( )。
   A. 360°　　　B. 540°　　　C. 720°　　　D. 900°

9. 闭合导线观测转折角一般是观测( )。
   A. 左角　　　B. 右角　　　C. 外角　　　D. 内角

10. 不属于导线测量优点的是( )。
    A. 布设灵活　　　　　　　　B. 受地形条件限制小
    C. 点位精度均匀　　　　　　D. 边长直接测定,导线纵向精度均匀

11. 用全站仪进行距离测量,安置好全站仪后,应首先设置相关参数,不仅要设置正确的大气改正数,还要设置( )。
    A. 仪器高
    C. 棱镜常数
    B. 湿度
    D. 后视方位角

12. 全站仪有三种常规测量模式,下列选项不属于全站仪的常规测量模式的是( )。
    A. 角度测量模式　　　　　　B. 方位测量模式
    C. 距离测量模式　　　　　　D. 坐标测量模式

13. 全站仪测距时,应瞄准( )。
    A. 棱镜杆根部接地处　　　　B. 棱镜杆中央
    C. 棱镜中央　　　　　　　　D. 棱镜下缘

14. 下列关于经纬仪的螺旋使用,说法错误的是( )。
    A. 制动螺旋未拧紧,微动螺旋将不起作用
    B. 旋转螺旋时注意用力均匀,手轻心细
    C. 瞄准目标前应先将微动螺旋调至中间位置
    D. 仪器装箱时应先将制动螺旋锁紧

15. 视距测量一般仅用于( )测量中。
    A. 测图的碎部　　　　　　　B. 测图的水平控制
    C. 高程控制　　　　　　　　D. 求两点的水平距离的

三、简答题(每题5分,共10分)

1. 什么是转点及其作用?
2. 用测回法观测水平角时,取盘左、盘右平均值可以消除哪些误差?

四、计算题(每题15分,共30分)

1. 在测站点 O 上安置全站仪,观测点 M,两个盘位读数分别为:$L = 110°40′20″$,$R = 249°19′10″$,填表计算竖直角 α 和竖盘指标差 X。

测站	目标	盘位	竖直度盘读数	竖直角	平均竖直角	备注

2. 已知地面上一已知水准点 A，其高程为 $H_A = 114.147\text{m}$，现要在基坑里的 B 点处测设出高程为 100.000m 的位置，试求 B 尺的读数应为多少？

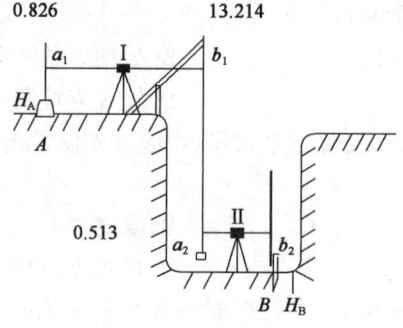

模 拟 试 卷 10

(满分 100 分)

阅卷人		题号	一	二	三	四	总分
核分人		得分					

一、填空题(每题 2 分,共 30 分)

1. 进行平面位置测量时,当测区半径_____,可以用过测区中心点的水平面代替大地水准面。
2. 测量工作的基本原则包括:布局上从整体到_____、精度上由高级到_____、程序上先控制后_____以及边工作边_____。
3. 盘右时竖直角计算公式应为_____。
4. 相邻两等高线间的水平距离称为_____。
5. 地形图按比例尺分类可分为_____地形图、_____地形图、_____地形图。
6. 正反方位角相差_____度。
7. 测定中桩高程的测量工作称为_____。
8. 水准测量后视中丝读数为 1.335m,前视中丝读数为 1.945m,则两点的高差为_____。
9. 在第_____象限内同一直线的方位角与象限角相等。
10. 全站仪竖盘在望远镜视线方向的左侧时称为_____。

二、选择题(每题 2 分,共 30 分)

1. 水准测量后视中丝读数为 1.224m,前视中丝读数为 1.974m,则两点的高差为(　　)。
   A. +0.750m　　　B. -0.750m　　　C. +3.198m　　　D. -3.198m
2. 在一张地形图上,下面说法正确的是(　　)。
   A. 等高线密集,坡度缓　　　　　　B. 等高线的疏密与坡度陡缓没有关系
   C. 等高线稀疏,坡度陡　　　　　　D. 等高线密集,坡度陡
3. 适用于观测两个方向之间的单个水平角的方法是(　　)。
   A. 测回法　　　B. 方向法　　　C. 全圆方向法　　　D. 复测法
4. 第Ⅳ象限直线,象限角 R 和坐标方位角 α 的关系为(　　)。
   A. $R=\alpha$　　　B. $R=180°-\alpha$　　　C. $R=\alpha-180°$　　　D. $R=360°-\alpha$

5. 某直线 AB 的坐标方位角为 230°,则其坐标增量的符号为(　　)。
   A. Δx 为正, Δy 为正　　　　　　B. Δx 为正, Δy 为负
   C. Δx 为负, Δy 为正　　　　　　D. Δx 为负, Δy 为负

6. 等精度观测是指(　　)的观测。
   A. 允许误差相同　　　　　　　　　B. 系统误差相同
   C. 观测条件相同　　　　　　　　　D. 偶然误差相同

7. 用钢尺丈量两段距离,第一段长 1500m,第二段长 1300m,中误差均为 +22mm,(　　)。
   A. 第一段精度高　　　　　　　　　B. 第二段精度高
   C. 两段直线的精度相同　　　　　　D. 无法判断

8. 实测四边形内角和为 359°59′24″,则角度闭合差及每个角的改正数为(　　)。
   A. +36″、-9″　　　　　　　　　　B. -36″、+9″
   C. +36″、+9″　　　　　　　　　　D. -36″、-9″

9. 水准测量中的测站是(　　)。
   A. 传递高程的点　　　　　　　　　B. 水准点
   C. 安置水准仪的点　　　　　　　　D. 水准原点

10. 三角高程测量中,采用对向观测可以消除(　　)的影响。
    A. 视差　　　　　　　　　　　　　B. 视准轴误差
    C. 地球曲率差和大气折光差　　　　D. 水平度盘分划误差

11. 在测距仪及全站仪的仪器说明上距离测量的标称精度,常写成 $\pm(A+B\times D)$,其中 B 称为(　　)。
    A. 固定误差　　B. 固定误差系数　　C. 比例误差　　D. 比例误差系数

12. 在施工测量中用全站仪测设已知坐标点的平面位置,常用(　　)法。
    A. 直角坐标法　　B. 极坐标法　　C. 角度交会法　　D. 距离交会法

13. 经纬仪垂直度盘的读数与垂直角值之间关系说法正确的是(　　)。
    A. 垂直度盘读数与垂直角值相差 270°
    B. 垂直度盘读数与垂直角值相差 90°
    C. 垂直度盘读数就是垂直角值
    D. 垂直度盘读数可计算垂直角,计算公式与度盘刻划有关

14. 高程测量有一等、二等、三等、四等之分,其主要的不同为(　　)。
    A. 距离的远近　　　　　　　　　　B. 高差的大小
    C. 精度的高低　　　　　　　　　　D. 使用率的多寡

15. 施工时为了使用方便,一般在基槽壁各拐角处、深度变化处和基槽壁上每隔 3~4m 测设一个(　　),作为挖槽深度、修平槽底和打基础垫层的依据。
    A. 水平桩　　B. 龙门桩　　C. 轴线控制桩　　D. 定位桩

三、简答题(每题5分,共10分)

1. 水准测量中,为什么要求前后视线长大致相等?
2. 简述水准路线的布设形式并说明其特点。

四、计算题(30分)

1. 不考虑子午线收敛角的影响,计算表中的空白部分。(12分)

直线名称	正方位角	反方位角	象限角
AB	244°25′		
AC			SE52°50′
AD		119°08′	

2. 调整闭合水准路线的观测成果,并求出各点的高程。(18分)

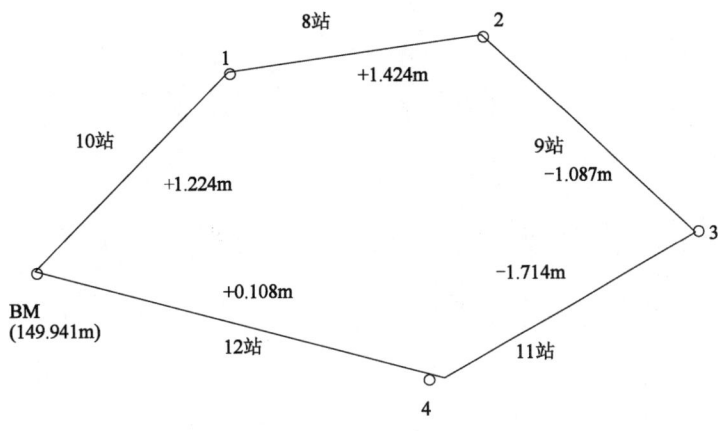

定价:49.00元